AF533692

BRAND YOURSELF

Personal Branding leicht gemacht:
Mit Storytelling, Positionierung
und cleverer Kommunikation zur starken
Personenmarke

Simon Renninger

Bibliografische Information der Deutschen Nationalbibliothek.

Die Deutsche Nationalbibliothek verzeichnet diese Publikation in der Deutschen Nationalbibliografie; detaillierte bibliografische Daten sind im Internet über http://dnb.dnb.de abrufbar.

Für Fragen und Anregungen:
info@eulogiaverlag.de

ISBN Print: 978-3-96967-344-7

Originale Erstausgabe 2023

Eulogia Verlags GmbH
Gänsemarkt 43
20354 Hamburg

Lektorat: Ramon Thorwirth
Satz und Layout: Tomasz Dębowski
Umschlaggestaltung: Aleksandar Petrović

BRAND YOURSELF

Personal Branding leicht gemacht:
Mit Storytelling, Positionierung
und cleverer Kommunikation zur starken
Personenmarke

Inhalt

Autorenprofil

Hey, freut mich, dich kennen zu lernen! Ich bin Simex, ich bin selbstständig und arbeite als Texter und Konzepter, der sich auf Branding und Storytelling von Marken spezialisiert hat. Ich sage das gerne beim ersten Aufeinandertreffen genau in dieser Reihenfolge auf, weil ich finde, das passt irgendwie ganz gut als mein Kurzprofil. Mein Name ist Simon Renninger, ich bin 31 Jahre alt und ich liebe Sprache und Kultur. Könnte man auch alternativ als Beschreibungstext über mich verwenden.

Wer mich kennt, der kann bestätigen, dass ich schon immer eine Marke war. Manchmal war das ein Nachteil, aber in den meisten Fällen war es von Vorteil. Als ein Kind der 90er, das noch vor Breitbandverbindungen geboren wurde, verlief mein Übergang von Büchern ins Internet beinahe fließend. Weil mein richtiger Name schon vergeben war, schlug mir der Messengerdienst ICQ beim Anmelden damals den Usernamen Simex vor. Und damit begann eine Ära.

Was früher mein Spitzname war, habe ich nun als firmeneigenen Namen übernommen. Das bedeutet nicht, dass ich in der Zeit hängen geblieben bin. Durch alle Erlebnisse auf meinem Weg hat sich Simex zum Eigennamen entwickelt. Und auch ohne Absicht und strategisches Denken war so eine Marke geboren.

Die besten Ideen sind sowieso diejenigen, die von alleine funktionieren. Im Vergleich zu meinem Medienwissenschaftsstudium, das so gar nicht von alleine funktioniert hat. Beim zweiten Studium hat es mich dann nach Berlin verschlagen. Nach dem Studium der Gesellschafts- und Wirtschaftskommunikation an der Universität der Künste war ich aber theoretisch bestens vorbereitet. Ein kurzer Ausflug ins Agenturleben hat mir dann klar gemacht, dass das nicht so meins ist. Viel Arbeit, viel Geld, aber keine Projekte, die mich motiviert hätten, meine kreativsten Ideen auszupacken. Ich spreche von dieser Art Projekten, an denen man Spaß hat und für die es auch keine genauen Jobbeschreibungen gibt.

Während meiner ersten beruflichen Erfahrungen wurde mir klar, dass beim Markenaufbau immer noch Content nach dem Gießkannenprinzip gestreut wurde. Warum man damit Geld, Zeit und Ressourcen verschwendet, kannst du hier in meinem Buch nachlesen! Ich zeige dir, dass Markenaufbau Spaß machen sollte, denn so entstehen auf harmonischem Wege Strukturen und Inhalte, die nach dir klingen. Anhand mehrerer Lektionen kannst du meine Anweisungen schrittweise für dich ausprobieren und mit deiner Brand verschmelzen.

Im Grunde machte uns jeder junge Erwachsene vor, worum es beim **Branding** geht: Schuhe, Hose, Gürtel, Jacke, Uhr – alles wird aufeinander abgestimmt. Ein gelungenes Styling verschafft einem das nötige Selbstvertrauen, um für den Markt attraktiv zu bleiben. Welche (Marken-) Werte machen dich aus und woran werden sich deine Kunden noch in Zukunft erinnern? Definiere für dich selbst, was eine gute Kundenbindung bedeutet. Erfolg ist keine Fahrt auf der deutschen Autobahn. Wahrer Erfolg bedeutet, weltweit freie Fahrt zu genießen und den Tank mit Authentizität immer wieder aufzufüllen!

Markenerlebnis

Ich schreibe, plane und berate Kunden bei der Umsetzung von Kampagnen auf verschiedenen Plattformen. Aufgrund meiner Berufserfahrung und vieler erfolgreich umgesetzter Projekte stehe ich dir mit einem breiten Leistungsangebot zur Seite. Das Ergebnis von Texterstellung lässt sich nicht an der Anzahl der geschriebenen Worte messen. Mit geht es darum, Kunden zu ermöglichen, Ziele zu erreichen. Ein Beitrag für einen Blog soll beispielsweise Aufmerksamkeit generieren. Und die strategische Marken-Neuausrichtung eines Gasthauses soll Besucherzahlen steigern. Mit dem passenden Storytelling kannst du diese Ergebnisse ganz leicht skalieren.

Gemeinsam erarbeiten wir Schlüsselparameter und erheben Daten, um dein Konzept einer kommunikativen Strategie umsetzen zu können. Ich biete Workshops an, bei denen ich zeige, wie du das Auftreten deiner Markenstrategie dahingehend anpassen kannst. Von der Vorbereitung bis zur Umsetzung gebe ich dir Tipps und berate dich nicht nur, was den Text angeht. Die Marke bist du – und ich helfe dir, deine Stimme zu finden. Ein einprägsamer Slogan und eine authentische Sprechweise können im Umgang mit deiner Zielgruppe den Unterschied machen. Wenn sich die angesprochenen Leads bei dir gut aufgehoben fühlen, sind diese Interessenten viel eher dazu bereit, dir zuzuhören oder dir etwas abzukaufen.

Deine Markengeschichte macht den Unterschied aus. Auf welche Art du sie erzählst, wird zu deinem lebendingen Storytelling. Wenn du deinen Social-Media-Account beleben oder mit humorvollen Sprüchen mehr Traffic auf deinen Online-Shop lenken möchtest, kann ich unter Benutzung von für die Google-Suche relevanten Keywords individuelle Posts für dich verfassen.

Die Beziehung deiner Zielgruppe zu deiner Marke ist eine ewig andauernde Geschichte. Beziehe deine Kunden mit ein und mache sie zu Helden, Mentoren oder Zuschauern. Hauptsache du hältst keinen langweiligen Monolog.

Vorwort

Wer kennt es nicht? Man befindet sich im Urlaub in einem fremden Land und bemerkt plötzlich, dass man beim Kofferpacken die Sonnencreme vergessen hat. Zum Glück stellt einen das vor kein allzu großes Problem mehr in unserer heutigen digitalen Welt. Da wird das Smartphone gezückt und bei Google Maps „dm“ eingetippt. Je nachdem, wo du dich auf diesem Erdball befindest, kann das dann wiederum doch eine kleine Herausforderung sein.

Befindest du dich innerhalb Europas, hast du wahrscheinlich weniger Probleme, in einem mit dem Auto erreichbaren Radius einen örtlichen Drogeriemarkt einer bekannten Marke zu finden. Bist du allerdings außerhalb Europas oder hast du dir aufgrund des geringen Publikumsverkehrs in einer eher abgelegenen Region ein Ferienhaus gemietet, wird es dir schlagartig klar: Google-Suchen nach der Marke „dm“ bringen dich nicht ans Ziel von sorglosem Sonnentanken.

In einem anderen Szenario befindest du dich eventuell im Urlaub auf dem Balkan zur Pollensaison. Wunderschöne Landschaften, warmes Wetter und verführerisches Essen – und deine juckende Nase lässt dir keine Ruhe. Ein Glück bist du nicht in völliger Abgelegenheit, sondern die meiste Zeit von freundlichen Menschen umgeben, die dir in einer Notsituation auch ein Taschentuch leihen könnten. Bevor du vor geschwollenen Augen den Bildschirm nicht mehr erkennen kannst, handelst du vorausschauend und befragst umgehend dein Smartphone. Schnell den Google-Übersetzer angeschmissen, um herauszufinden, wie man bei den Einheimischen um Hilfe fragen könnte und siehe da: Statt nach einem Taschentuch kannst du auch nach einem „Tempo" fragen.

Mit diesen Beispielen möchte ich dich sensibilisieren für das Thema, um das es sich im Folgenden drehen soll. Es soll dabei nicht um simples Markenraten gehen, ich möchte dir den komplexen Begriff **Branding** näherbringen. **Branding** ist der Kleber, der aus deinem steinernen Greifvogel wieder den Uhu macht, der er ohne abgebrochene Nase vorher einmal war. Kleiner Scherz am Rande. Doch woher kommt das eigentlich, dass wir Produkte und den Namen des Herstellers in unserem Kopf so eng miteinander verbinden? Das sind neuronale Verbindungen, die über Jahre gewachsen sind!

Für wen ist dieses Buch geeignet? Für **Online-Coaches**, Selbstständige, Unternehmer, Markengründer und Kreativköpfe. Außerdem selbstverständlich für Copywriter und weitere angehende digital arbeitende Nomaden. Ich zeige dir, wie ein **Branding** entsteht und gestalte mit dir zusammen Markenerlebnisse, die dir ermöglichen, dich Selbst in deiner Arbeit zu verwirklichen und Traumkunden anzuziehen.

Du fragst dich sicher, was dir dieses Wissen über **Branding** am Ende überhaupt bringen soll? Ein Unternehmen zu gründen ist eine Unterschrift auf einem Blatt Papier. Zur Marke zu werden, ist hingegen ein langer Weg. Dieses Buch eignet sich als Anleitung, die sich Schritt für Schritt nachmachen lässt. Ich möchte dich zum Nachdenken und Ausprobieren anregen. Und dir Antworten auf Fragen geben wie: 1. Wie soll ich damit Geld verdienen? 2. Sicher, dass Kommunikation mein gesamtes Leben verbessert? 3. Wo – Wann – Wie fange ich an, mich mitzuteilen? Wenn du dir zum Begriff **Branding** eine dieser Fragen stellst, dann bist du hier genau richtig.

In den folgenden 3 Kapiteln soll es nicht um die EINE Methode gehen, die FÜR JEDEN funktioniert. Mein Ziel ist es, mit meinem Ansatz die richtigen Gedankengänge auszulösen, um deine individuelle

Strategie zu finden. Ein **Branding** ersetzt nicht deine Leistungen, sondern packt nachgefragte Themen in das passende Outfit.

Mein Wissen ist ein Mix aus Erfahrung, theoretischem Wissen und einer Ansammlung von Fehlern, aus denen du lernen kannst. Ich schreibe nicht nur Worte auf, sondern kümmere ich mich beim **Branding** mit einem ganzheitlichen Ansatz um deine Strategie. Das heißt, ich entwerfe mit dir zusammen Taktiken und Werkzeuge für den Kick-Start deiner Marke, die dich auch mit kleinem Budget zu großen Erfolgen bringen.

Werde zum Experten in deinem Arbeitsfeld, indem du eine Markenautorität aufbaust. Bediene eine spezifische Zielgruppe durch das Definieren deiner Nische und die Entwicklung einer einzigartigen Angebotsposition. Sammle positive Rezensionen zu deinen Projekten durch das Entwickeln eines Produkts mit leichtem Kundenzugang. Steche heraus und präsentiere dich attraktiv für deine Zielgruppe mit einem stimmigen Markeneindruck. Kommuniziere deinen Markenwert klar und eindeutig über einen konsistenten Social-Media-Auftritt.

Wenn du dich mit einer authentischen und vertrauensvollen Personenmarke selbst verwirklichst, ziehst du automatisch deine Traumkunden und Traumprojekte an! Was du denkst, zu dem wirst du. Was du fühlst, ziehst du an. Was du dir vorstellst, erschaffst du. Was du textest, das sendest du aus. Worte sind Macht. Worte sind Informationsträger und die kleinsten Bestandteile unserer menschlichen verbalen Kommunikation. Jetzt könnte ich als Texter natürlich easy behaupten, dass meine geschriebenen Beiträge den Dreh- und Angelpunkt unseres gesellschaftlichen Zusammenlebens darstellen.

Womit ich sicherlich nicht komplett falsch liege, ich will mich und andere schreibende Berufe hier nicht in die Pfanne hauen. Wir Schreiberlinge beherrschen quasi Magie und können Buchstaben mit Bedeutung und mit positiver bzw. negativer Energie aufladen.

Das liegt allerdings nicht daran, dass uns (allen) als Kind mal ein Duden auf den Kopf gefallen ist. In meinem Fall hat die Auseinandersetzung mit Sprache dazu geführt, mein Denken zu hinterfragen.

Denn meine Gedanken sind der Ursprung meines existenziellen Seins. Das bedeutet im Umkehrschluss, dass ich schon beim Denken Einfluss auf meine Wahrnehmung nehme. Im Kopf entscheidet sich also schon, ob ich z. B. Kritik als Herausforderung sehe oder Leser glaubhaft von meinen Fähigkeiten überzeugen kann.

Bevor Worte mit einer kommunikativen Absicht versehen werden können, muss ich mir selbst darüber bewusst werden. Gerade als Personenmarke ist dieser erste Schritt entscheidend für den kommunikativen Erfolg. Meine Tätigkeit als Texter ist es daher nicht einfach nur Worte zu Papier zu bringen, sondern meinen Kunden diese Form der Magie näherzubringen.

Das Wort „Abrakadabra" kommt aus dem Aramäischen und bedeutet: „Ich erschaffe, während ich spreche". Ich hoffe, ich konnte dich damit auch ein wenig verzaubern!

Du hast den Eindruck, dass dir diese Technik weiterhelfen könnte? Dann steig mit mir zusammen ein und entwickele deine eigene Marke zu einem erfolgreichen Business! Für den Augenblick brauchst du keine weiteren Vorkenntnisse. Meiner Meinung nach kann jeder ein authentisches **Branding** kreieren, das einem von Anfang an Arbeit abnimmt. Trink nochmal einen großen Schluck Wasser, bevor ich dir in den folgenden Kapiteln erkläre, was ein **Branding** ist. Ich gehe darauf ein, was du damit machen kannst und zeige, wie wichtig es für dich sein sollte.

Worte aufzuschreiben, hat den schönen Nebeneffekt, deine Gedanken zu ordnen. Vieles, was man denkt, kann und würde man niemals so aussprechen. Dafür gibt es unterschiedliche Gründe. Entweder es gibt einen besseren Weg der Kommunikation oder es ist zu umständlich.

Manchmal liegt es aber auch daran, weil wir merken, dass wir damit in eine Ecke gedrängt werden. In einem Verkaufsgespräch willst du dich nicht in die Ecke drängen lassen und nur re-agieren. Warum dann nicht auch in den Texten – auf deiner Homepage, deinem Blog, in deinen Postings?

Klarheit in der Kommunikation entsteht durch bewusste Wortwahl. Transformiere dich zum Gewinner-Mindset. Von: Ich muss heute arbeiten. Zu: Ich darf heute arbeiten. Raus aus der Passivität – raus aus der Opfermentalität! Du hast die Zügel in der Hand. Ein höheres Bewusstsein wird von deinen Lesern wahrgenommen, selbst wenn du es nicht aussprichst. Bei vielen Marketers bemerke ich, wie sie Interessierte und Neukunden von ihren Angeboten überzeugen wollen. Weil sie wissen, dass Menschen sich nichts aufschwatzen lassen wollen, bleibt das Gespräch im Re-aktions-Modus, anstatt aktiv handlungs- und lösungsorientiert zu sein. Bleib bei dir und versuche deine eigene Kommunikation zu verbessern!

Die Entwicklung deines **Brandings** ist ein bewusster Vorgang und zeigt, wie du wirklich bist. Dieses Bewusst-Sein bedingt eine höhere Aufmerksamkeit und führt zu direkter Kommunikation mit deiner Zielgruppe. Das bringt dir vielleicht keine 100.000 kalten Leads, aber dafür 100 Kunden, die dich wärmstens weiterempfehlen!

Einleitung Branding

Als Copywriter und Experte für Branding baue ich Marken auf durch kommunikative Prozesse, unter anderem auch auf Social Media und helfe diese Marken nachhaltig wachsen zu lassen. Nebenbei betreibe ich die Plattform „easy laiph universe", die regionale Künstlerpromotion macht. Und vor kurzem habe ich meinen ersten Podcast gestartet. Das alles findest du bei Simex' Communications.

Von Berufswegen her spiele ich also gerne mit Worten, entwickele Claims und Slogans für Marken und erschaffe generell einfach freshen Content. **Branding** nenne ich den Prozess, den ich meinen Kunden anbiete. **Branding** heißt in erster Linie, ich kümmere mich um die Kommunikation deiner Marke. Deine Marke entsteht durch Kommunikation und wird sie eines Tages durch Kommunikation auch wieder verschwinden. Theatralisch, aber wahr.

Meine Kunden sind überwiegend Einzelpersonen mit einem zukunftsweisenden sozialen Online-Business, aber auch kleinere sinnstiftende Unternehmen mit mehreren Mitarbeitern. Der gemeinsame Nenner: Alle meine Kunden sind eine Marke. **Branding** funktioniert für jegliche Form von Marken, ob alt, ob jung. Auch bestehende Marken lassen sich strategisch neu aufstellen. Ganz wichtig: **Branding** bedeutet nicht automatisch eine Marke aufzubauen, sondern auf ein bestimmtes Thema zu prägen. Selbstverständlich bedingen sich Brand (Marke) und **Branding** (Markenerfahrung) gegenseitig. In der jeweiligen Phase der Evolution einer Marke übernimmt **Branding** andere Aufgaben. Dadurch entsteht eine Entwicklung, die deine Unternehmung zur einzigartigen Marke werden lässt!

Zur besseren Einordnung habe ich das Thema **Branding** deshalb in die 3 Bereiche Markenstrategie, Markenkommunikation und Markenauftritt aufgeteilt. Mir ist es wichtig, dass jeder Leser etwas aus diesem Buch für sich mitnehmen kann, dort, wo er gerade steht. Ein strategisches **Branding** hilft dir bereits ab der Gründung und bietet dir später weitere geschäftliche Möglichkeiten der Markenpolitik. Ich konzentriere mich in diesem Buch auf die strategische und kommunikative Umsetzung.

Branding

Wenn man Branding bei Google eingibt, findet man neben etlichen Logo-Tutorials auch Ratgeber dafür, wie man diese Methode für sein Social Media einsetzen kann. Eine klare Aussage, was man denn unter diesem Begriff zu verstehen hat, gibt es nicht.

Deshalb hier nun kurz und knapp: Branding ist das, was deine Kunden erleben. Meiner Definition nach. Warum das Definitionssache ist, erkläre ich dir: Das Wort „Branding" stammt aus einer Zeit, in der die Welt noch einfach war. Um ihr Vieh voneinander unterscheiden zu können, bekamen Weiderinder mit einem erhitzten Eisenstab das Kürzel ihres Besitzers gut sichtbar auf die Haut eingebrannt. Die Geburtsstunde des Logos gewissermaßen. Sehr martialisch, überhaupt nicht tierfreundlich – aber effektiv.

Was für Rednecks eine Überlebensstrategie bedeutete, haben sich clevere Unternehmer für ihr Business abgeschaut und verfeinert.

Doch nicht nur die Markenlogos haben sich im Laufe der Zeit gewandelt, sondern auch die Berufsfelder der damaligen Entrepreneure. Das Überleben sichert heutzutage keine Viehherde mehr und doch muss man seine Betriebsmittel kennzeichnen, um sich von der Konkurrenz abzugrenzen.

Dabei geht es längst nicht mehr darum, die Größe des eigenen Bestands zu erhalten, weil Inhalte und Berufe im 21. Jahrhundert abstrakte Formen angenommen haben. Die Zielsetzung von Branding ist es, den Wert der einzelnen Produkte & Dienstleistungen beziffern zu können, die in Verbindung mit der jeweiligen Marke stehen. Cola ist nicht gleich Cola – für die Variante von Freeway bei ALDI könnte daher niemals der gleiche Preis aufgerufen werden.

Was einst als Personalisierung angefangen hat, wird im digitalen Zeitalter nun immer weiter auf die Spitze getrieben. Markenzugehörigkeit dient längst als Kategorisierung, weil selbst Konzerne ihre Geschäftsfelder in verschiedene Untermarken aufgeteilt haben. Die Marke Nestlé besitzt einen (imaginären) Wert von 47,4 Milliarden Euro und ihr Produktangebot an Trinkwasser in Plastikflaschen ist segmentiert auf verschiedene, teils teurere, teils günstigere Produkte, die von Tochterunternehmen vertrieben werden. Mit jedem dieser einzelnen Logos und Markennamen verbindet man einen Preisrahmen, einen Anspruch an Qualität und in manchen Fällen sogar exklusive Verkaufsstellen. So wird San Bernardo hauptsächlich in Italien und Vittel in Frankreich verkauft.

Für Global Player ist Branding daher nicht einfach nur eine kreative Namensfindung und die Möglichkeit, ein neues Logo zu gestalten. Das Markendenken bildet die Grundlage für Vertriebswege, Kooperationsmöglichkeiten und die Einführung von alternativen Geschäftszweigen. Je tiefer das Branding sich im kognitiven Denkzentrum

festgesetzt hat, desto eher neigt ein Kunde zur Kaufentscheidung. Markenpolitik ist ein in Wort, Schrift, Farbe und Slogan gepacktes Verkaufsgespräch. Genau das ist mein Job.

1. Wie funktioniert **Branding**?

Zum Glück für den Konsumenten benutzen Geschäftsmänner heute keine Brennstäbe mehr. Bei der Anzahl an verschiedenen Marken, mit denen wir im Alltag konfrontiert sind, können wir uns von über 90 % nicht einmal die Namen merken. Kein Einbrennen in das Unterbewusstsein und kein gedanklicher Ankerpunkt, der uns im Gedächtnis bleibt.

In vielen Fällen ist das auch weder entscheidend noch beabsichtigt. Das hängt auch davon ab, um welche Art von Angebot es sich dreht. Ein Produktangebot unterscheidet sich grundsätzlich von einem Dienstleistungsangebot. Mit Entscheidung bei Produkten ist meist die konkrete Kaufentscheidung gemeint. Entscheidungen in Bezug auf Dienstleistungen sind viel breiter gefächert und umfassen einen komplexeren Prozessablauf: vom Erwecken des Interesses über argumentative Verhandlungen und Paketpreise bis hin zur finalen Durchführung.

Auf welche Weise diese psychologische Verknüpfung hergestellt wird, ist zwar nicht vordefiniert, aber sie folgt trotzdem festen Mustern. Es geht darum, Referenzpunkte in den Köpfen deiner Zielgruppe zu erstellen. Je emotionaler, desto stärker. Die Wahl des Werkzeugs bleibt dabei ganz dir überlassen. Die Palette an Maßnahmen, die Unternehmen ergreifen können, reichen von subliminalen Messages in Videos bis zu expliziten Call-To-Actions à la „Kauf dich glücklich".

Wichtige Grundvoraussetzung ist Kommunikation. Branding kann auf allen Kanälen stattfinden, auf denen kommuniziert wird. Frei nach Watzlawick behaupte ich deswegen: Man kann nicht Nicht-Branden. Fakt.

2. Für wen ist **Branding** geeignet?

Wenn Branding ein kommunikativer Vorgang ist, dann leitet sich daraus auch ab, für wen sich diese Methode eignet: Für jeden Kommunikator! Bei meiner Aussage gehe ich mal davon aus, dass Markenkommunikation – innerhalb der Industrie 2.0 und dem Dienstleistungssektor als dessen größte Industrie – einen elementaren Stellenwert besitzt.

Jetzt mal ganz im Ernst: Websites, Social-Media-Profile und ein Google-My-Business-Eintrag sind sowas wie das kleine Ein-Mal-Eins des Unternehmertums im 21. Jahrhundert. Was entscheidend ist für den Businesserfolg, ist mittlerweile nicht mehr der Vorteil, einen Kommunikationskanal mehr als deine Konkurrenz zu bespielen. Sondern die Art & Weise, wie du diesen bespielst. Das kann im Umkehrschluss z. B. auch bedeuten, sich auf Instagram als Marketingkanal zu beschränken und dort kreative Kampagnen zur Markenbildung zu fahren. Du hast die Zügel in der Hand!

Das heißt, es kommt immer auf deine Kreativität an. Auf der anderen Seite kommt es am Ende halt aber auch auf deinen Geldbeutel an. Für bestehende Marken, die schon zahlende Kundschaft haben, eignet sich Branding aus anderen Gründen als für Markengründer, die sich ihrer Zielgruppe erst bekannt machen müssen.

„Als Marke können alle Zeichen, insbesondere Wörter einschließlich Personennamen, Abbildungen, Buchstaben, Zahlen, Hörzeichen, dreidimensionale Gestaltungen sowie einschließlich der Form einer Ware oder ihrer Verpackung sowie sonstigen Aufmachungen einschließlich Farben und Farbzusammenstellungen geschützt werden, die geeignet sind, Waren oder Dienstleistungen eines Unternehmens von denjenigen anderer Unternehmen zu unterscheiden."

Somit erfüllt jeder Künstler, der sich als Wortmarke beim Deutschen Patent- und Markenamt hat eintragen lassen, die offiziellen

Eigenschaften, um im Folgenden als Marke genannt zu werden, wenn wir von Co-**Branding** sprechen.

Die Anmeldung und anschließende Kenntlichmachung der Produkte unter dem Markennamen sind existenziell als branchenübergreifende Abgrenzung von anderen Künstlern und ein Alleinstellungsmerkmal. Generell schützt die Markeneintragung jede Person oder jedes Unternehmen vor Nachahmung und Fälschung. Marken werden als Kommunikationsinstrumente betrachtet und stellen physische und psychische Distanz her, während sie auf dem gleichen Wege ihre Werte und Einstellungen dem Kunden gegenüber kommunizieren.

Aus Kundensicht beinhaltet die Marke neben der Orientierungs- und Identifikationsfunktion zusätzlich eine Qualitäts- und Vertrauensfunktion, die quasi durch das Logo mit dem Kunden kommuniziert wird.

Wachstumsphasen

Eine Marke aufzubauen, braucht auf jeden Fall seine Zeit. Deshalb rate ich dir von vornherein nichts übers Knie zu brechen. Vor allem in den ersten Monaten schmeißt man sehr vieles um und korrigiert beinahe täglich. Das soll auch so sein, denn alles ist miteinander verbunden. Wenn du an einer Stelle etwas änderst, bringt das Veränderungen in allen anderen Bereichen mit sich.

Zuerst musst du deine Marke zum Leben erwecken. Diese Set-up-Phase soll eine solide Basis bilden, damit es irgendwann von alleine läuft. Deshalb ist es aber auch entscheidend für deinen Erfolg, wie du das Ganze anfängst. Dein erster Schritt sollte sein, dich auf ein Thema zu spezialisieren und darin deine Expertise zu verfeinern. Dies führt dazu, dass du dir Gedanken machen musst, wen das überhaupt anspricht. Im Anschluss daran kannst du dein Publikum definieren und deine eigene Nische finden. Ab diesem Zeitpunkt beginnst du Geld zu verdienen. Erfahrungsgemäß dauert es eine Weile, bis du dein erstes Produkt erstellt und verkauft hast. Ein Produkt zu entwickeln ist schön und gut, sein Produkt zu verkaufen, ist eine ganz eigene Herausforderung. Wenn das funktioniert, bist du mit deinem Unternehmen auf dem richtigen Weg. Sobald du mit deiner Tätigkeit Geld generieren kannst, solltest du dich daran setzen, das Vertrauen in deine Expertise zu stärken. So viel Zeit, wie du dir für deine Arbeit nimmst, solltest du auch in dein Marken-Management stecken. Verfeinere und verschönere nicht nur deine visuelle Präsentation, sondern auch deine verbalen kommunikativen Skills. Etabliere deine Präsenz online und baue Autorität auf, indem du Content für deine Zielgruppe zur Verfügung stellst.

Ab diesem Zeitpunkt befindest du dich in der Wachstumsphase. Eigentlich trifft das Wort Phase hier nicht mehr zu, denn dieses Brand Management wird nun zu deiner Hauptaufgabe. Es geht darum, durch bezahltes Marketing mehr Aufmerksamkeit und Sichtbarkeit für Interessenten zu erreichen oder auch durch Kooperationen fremde Personen zu erreichen. Du bist nun gefordert, den Wert deiner Marke sukzessive zu steigern.

An dieser Stelle scheitern viele kleine Unternehmen und Selbstständige, weil der natürliche Zulauf irgendwann stark zurückgehen wird. Vervielfältige daher deine Produkte und generiere Einkommen aus unterschiedlichen Quellen. Dein Vorteil ist die Selbstständigkeit! Solange du strategisch vorgehst, kannst du dir kinderleicht mehrere finanzielle Standbeine aufbauen. Das gilt besonders für Personal Brands, die ihren Gewinn aus der persönlichen Beziehung zu Kunden bezieht. Solch eine Personal Brand besteht aus: Gesicht & Name + Thema + Erfahrung + Vertrauen.

Für mich war es nur logisch, mich als ausgebildeter Kommunikationswissenschaftler auf die Themen **Branding** und **Storytelling** zu konzentrieren. Ich liebe es, kommunikative Prozesse für Marken aufzusetzen. Ich habe die Chance, mit Selbstständigen, als auch Unternehmen, zu erarbeiten, wie sie das „Was“, „Wie“, „Wer“ und „Wo“ ihrer Marke für sich definieren und in ihre Kommunikation einfließen lassen können.

Was? – Was ist dein Angebot? Was müssen deine Kunden über dich wissen?

Wie? – Wie sprichst du deine Kunden an? Wie kommunizierst du dein Angebot?

Wer? – Wer ist denn überhaupt deine Zielgruppe? Wer kauft tatsächlich bei dir und warum?

Wo? – Wo kommen deine (Neu-) Kunden her? Auf welchen Kanälen musst du aktiv sein?

Diese Fragen legen den Mehrwert deiner Marke fest und etablieren erfolgreiche Kommunikation, die deinen Verkauf ankurbelt. Mein Angebot für dich reicht dabei von Employer **Branding** über anschlußfähiges **Branding** & **Storytelling** bis zur Erstellung von Brand Content. Damit du dich ins Bewusstsein deiner Zielgruppe einbrennen kannst! **Branding** ist ein Geheimtipp und bietet dir die Möglichkeit, dein Online-Business kommunikativ aufzubauen.

LEKTION 1

Markenstrategie

Durch eine Marke entsteht kein **Branding**, aber durch ein **Branding** entsteht eine Marke. **Branding** kann unter anderem zum Zweck der Markenentwicklung angewendet werden. Welche Themen sollen Interessenten mit dir verknüpfen? Woran sollen sie sich nach dem ersten Kontakt erinnern. Im Bereich der Markenentwicklung geht man strategisch vor. Diese ersten Schritte bilden das Fundament deines gesamten späteren Markenauftritts. Natürlich kann man eine Marke auch nachträglich umbranden, aber ein **Branding** formt von Anfang an die Identität der Marke.

Herausragende Qualität entsteht durch Wahrhaftigkeit und Kompetenz gepaart mit einer Vision. Dein **Branding** ist Grundlage deiner Markenkommunikation. Es entspringt aus deiner Markenidentität und erschafft daraus ein einzigartiges Markenerlebnis. Bevor Entscheidungen getroffen werden können, muss also erst eine Grundlage dafür entstehen. Du kannst kein Markenerlebnis schaffen, wenn du noch keine Markenidentität besitzt. Wie und woraus diese entsteht, behandelt die erste Lektion.

Der Inhalt dieses Buchs ist insgesamt auf drei große Lektionen aufgeteilt. Jedes Kapitel beleuchtet einen anderen Zeitraum der Evolution deiner Marke. Grundsätzlich steht jedes für sich alleine, allerdings empfehle ich dir, sie chronologisch durchzugehen, um die Zusammenhänge, die Begriffe und ihre Anwendung zu verstehen.

Das erste Kapitel widmet sich dem Zeitraum der Markenstrategie von der Idee bis zum eigenen Markenversprechen. Am Ende des Kapitels findest du eine kleine Aufgabe als Hilfestellung, die dir ermöglichen soll, dein eigenes **Branding** zu erarbeiten. Zuerst müssen wir dafür aber in die Planung rund um deine Marke einsteigen.

In der Marketingkonzeption geht es um Analyse, Konzeption und Planung deines gesamten Markenauftritts. Auf der Basis von Marktanalysen, den Werten und dem Ziel deines Unternehmens baust du ein erstes theoretisches Gerüst auf. Mache dir deine Absicht klar und überlege dir, ob es für dein Angebot schon einen Markt gibt. Erhebe die für dich und dein Business relevanten Zahlen. Diese Auswertungen geben dir wertvolle Einblicke, wie du dein **Branding** am effizientesten umsetzen kannst. Effizienz ist nicht für alle Marken ein gleich wertvoller Ansatz.

Es geht darum, die Kernbotschaften deines Markenauftritts festzulegen, die sich aus deinem Charakter und deinen Werten formen, bevor du sie überhaupt nach außen kommunizieren kannst. Denn Kunden wollen verstanden werden. Dem kannst du mit einer umfassenden Planung zuvorkommen. Dein **Storytelling** sorgt für eine stetige Weiterentwicklung, solange es für deine Zielgruppe verständlich ist. Genau dann arbeitet deine Spezialisierung auf deine Kernthemen auch für dich.

Damit du als Experte für Outdooraktivitäten giltst, musst du neben theoretischem Wissen auch praktischen Content vorzeigen können. Das ist ein Punkt, den alle Marken gemeinsam haben: Deine Zielgruppe kauft bei dir, wenn sie auf deine Reise mitgenommen wird. Vertrauen innerhalb deiner Zielgruppe erreichst du durch Authentizität deiner Inhalte und eine offene Kommunikation.

Um die Tipps für dich anwenden zu können und zu verstehen, welche Besonderheiten es zwischen den verschiedenen Formen der Unternehmen gibt, unterscheide ich zwischen Unternehmens- und Produktmarken. Kunden kaufen, weil sie der Marke vertrauen. Weil sie dir vertrauen, wenn du eine Personal Brand besitzt. Vertrauen ist essenziell für eine tiefe Kundenbindung. Kunden, die sich verstanden fühlen, werden dich weiterempfehlen. Definiere dein Thema und zeige deiner Zielgruppe, welche Expertise du auf diesem Gebiet besitzt. Je genauer du deine Nische eingrenzen kannst, desto leichter fällt dir die Umsetzung deines **Brandings**.

Der Kern deiner Unternehmensmarke ist unverwechselbar und dein Unterscheidungsmerkmal von deiner Konkurrenz. Kunden,

Kooperationspartner und Mitarbeiter orientieren sich gleichermaßen an den Werten, die du vorlebst. Dein **Branding** sollte jedem Interessenten in der Markenkommunikation klar und eindeutig vermittelt werden. Damit hast du einen einzigartigen Pull-Faktor, der deinen Produkten und Dienstleistungen ein anziehendes Alleinstellungsmerkmal verpasst. Deine Präsentation und die Art der Darstellung sind kommunikative Prozesse, die Neukunden und Leads zu langfristigen Kunden konvertiert.

Zu Beginn ist dafür nichts Besonderes nötig. Meine größte Erkenntnis der Markenentwicklung lautet: Jede Marke ist einzigartig! Und jeder kann lernen, diesen Unique Selling Point (USP) in Markenerfolg umzuwandeln.

1.1 Große Markenbeispiele

Wenn ich dir jetzt und hier ein paar Firmenlogos zeigen würde, könntest du mir wahrscheinlich komplette Geschichten dazu erzählen. Dabei meine ich nicht mal nur den angebissenen Apfel oder den berühmtesten weißen Haken der Welt. Bei vielen Marken reicht schon die Farbgebung aus, um zu erkennen, welche Firma gemeint ist. Die Farbkombination von gelbem Icon auf rotem Grund wird dich zwangsläufig an Burger denken lassen und weiße Schrift vor rotem Hintergrund steht für das Erfrischungsgetränk schlechthin.

Doch die Assoziationsketten von Marken sind noch viel weiter gespannt. Die Geschichte von bekannten Marken ist meist eng mit einzelnen Persönlichkeiten verknüpft. So werden wir bei der Erwähnung von Steve Jobs immer auch gleichzeitig an Apple denken und die Person Elon Musk wird auf ewig mit Tesla verbunden sein. Markenversprechen, Werte, Aussagen und Erfolge sind daher automatisch beiden anzurechnen: der Person und der Marke. Das bedeutet, dass in diesen Fällen ein **Branding** stattfindet. Der kreative Erfindergeist von Steve Jobs kann auf das Markenversprechen von Apple übertragen werden, mit seinen Produkten jedes Jahr aufs Neue Innovationen voranzutreiben.

Diese Person gibt somit dem Konzern nach außen hin ein Gesicht und stellt deshalb einen Markenbotschafter dar. Im Falle einer Personal Brand hingegen besteht das gesamte Unternehmen aus einem Menschen, der alle geschäftlichen Bereiche verantwortet. Dadurch werden alle Angebote, Leistungen und Prozesse immer auch zwingend nach den Charakteristika der Person bewertet.

Zum Beispiel: Eine gewissenhafte Bearbeitung im Projekt und eine kurze Reaktionszeit beim Beantworten von Mails überträgt sich automatisch auf dein Leistungsangebot. Zum einen entsteht daraus eine Erwartungshaltung, woran du dich auch später noch messen lassen musst. Zum anderen hast du an diesem Punkt die

Möglichkeit, deine Arbeit zu branden, ohne eine Aufgabe abzuschließen. Möchtest du als erfolgreich, diszipliniert und motiviert wahrgenommen werden, beginnt das schon bei der ersten Kontaktaufnahme mit deinem Kunden. Egal ob auf deiner Homepage oder im persönlichen Kontakt via Mail oder Social Media.

Als Personal Brand sind diese Kleinigkeiten noch viel entscheidender als bei einem „gesichtslosen" Konzern mit unzähligen Tochterfirmen. Hier liegt dein ganz großer Vorteil! Kunden schätzen persönliche Bindungen. Und einen direkten Kontakt zu deiner Zielgruppe kannst du voll und ganz zu deinem Vorteil gestalten. Du bist eine Marke und deine Marke bist du. Du verleihst deiner Marke Persönlichkeit und deine Persönlichkeit erweckt deine Brand zum Leben.

Gehen wir einmal davon aus, dass du mit deinem Business alleine an den Start gehst. Selbstverständlich lässt sich einiges davon heutzutage automatisieren (und das solltest du auch!) aber dazu später mehr. Du willst deine eigene Personal Brand aufbauen! Das heißt, du machst deine eigene Akquise, du bist deine eigene Buchhaltung und du führst deine operativen Prozesse selbstständigen aus. Zuallererst musst du für dich die einzelnen Arbeitsbereiche für dich definieren, um sie auch auseinanderhalten zu können. Unterschiedliche Tätigkeiten erfordern unterschiedliche zeitliche Aufmerksamkeit und fachlichen Anspruch.

Deine Persönlichkeit gibt alles vor: von deinen angebotenen Tätigkeiten über deine Kooperationspartner und deine Zielgruppe bis hin zu deiner Preisgestaltung. Ein vielschichtiges großes Unternehmen hat Leitsätze und Regeln, die für alle Angestellten gelten. Inwiefern es realistisch ist, wenn in einem Konzern viele Menschen nach außen dasselbe repräsentieren sollen, lasse ich mal dahingestellt. Denn im Gegensatz zu einem großen Konzern musst du deine Werte leben. Die Definition einer Marke durch das bundesdeutsche Markengesetz §3 Absatz 1 lautet:

„Als Marke können alle Zeichen, insbesondere Wörter einschließlich Personennamen, Abbildungen, Buchstaben, Zahlen, Hörzeichen, dreidimensionale Gestaltungen einschließlich der Form einer Ware oder ihrer Verpackung sowie sonstigen Aufmachungen einschließlich Farben und Farbzusammenstellungen geschützt werden, die geeignet sind, Waren oder Dienstleistungen eines Unternehmens von denjenigen anderer Unternehmen zu unterscheiden."[4]

Funktionen von Marken

Eine Marke wird aus mehreren Perspektiven wahrgenommen. Du gibst die Kommunikation vor und deine Kunden reagieren darauf. Während sich Kunden orientieren wollen, versuchst du, durch einen strategischen Aufbau diese Wahrnehmung zu lenken.

Im Zuge deiner Markenkommunikation musst du sicherlich nicht das Rad neu erfinden. Bei der Umsetzung deiner Markenstrategie kannst du dir einige Erfolgsrezepte bei bekannten Beispielen abschauen. Vergleiche dein Handeln mit einer bestehenden größeren Marke in deinem Bereich. Stelle dir dabei folgende Fragen:

Wie präsentieren sich diese Unternehmen ihrer Zielgruppe?

Welches spezielle Problem lösen sie? Auf was sind sie spezialisiert?

Wodurch sehen sie vertrauenswürdig aus in den Augen ihrer Kunden? Buch? Online-Kurs?

Unterscheidung
Schutz
Kommunikation

Marke

Orientierung
Identifikation
Vetrauen
Image

> Kooperationen mit bekannten Menschen? Mediale Quellen?
> Wie präsentieren sie sich auf Social Media?
> Gibt es eine visuelle / verbale Sprache? Bilder, Videos, Infografiken?
> Was ist die Kernaussage des Inhalts?

Es muss nicht alles perfekt sein, wenn du loslegst. Selbstreflexion ist die Basis, wie du deine Strategie am besten für dich weiterentwickeln kannst. Nachdem du deine Marke öffentlich gemacht hast, wirst du über die Zeit ständig Feedback bekommen. Dein Markenerfolg lebt davon, dass andere dich darauf hinweisen werden, wie sie deinen Markenauftritt finden.

Nimm das nicht persönlich und sieh es als konstante Möglichkeit zur Verbesserung. Wenn dein **Branding** steht, kannst du mithilfe des Feedbacks nachjustieren, um es gezielt nach außen zu tragen. Dein Auftrag als Markengründer ist es lediglich, optische und inhaltliche Wiedererkennung zu schaffen.

Deine Markenstrategie liefert dir einen Plan, wie du kurz-, mittel- und langfristig deine Marke skalieren kannst. Wenn du authentisch bleibst und den auf aktuelle Ereignisse reagierst, kannst du zu jedem Zeitpunkt die bestmögliche Qualität bei deinen Arbeitsschritten liefern.

Unternehmensmarken und Personenmarken müssen sich beide erst entwickeln. Alleine aufgrund der Ressourcen, auf die du zurückgreifen kannst, wird sich über Zeit einiges verändern. Deine Zielgruppe baut ein Verhältnis zu dir auf und identifiziert sich mit deiner Markenpersönlichkeit, selbst, wenn du dein Markenlogo eines Tages überarbeiten solltest.

Auch deine Expertise und dein Angebot werden sich langfristig verändern. Wenn du das transparent kommunizierst, werden Kunden die Weiterentwicklung deines Skillsets begrüßen. Neue Kunden werden dazu kommen und einige werden das Interesse verlieren.

Eigne dir deshalb von Anfang an Hintergrundwissen an, das dich persönlich weiterbringt. So machst du Flexibilität zu einer deiner Stärken und fühlst dich mit dir und deinem Business wohl. Du bleibst offen für neue Lösungsansätze und damit kann ja wohl nichts mehr schiefgehen!

1.2 Markenstrategie entwickeln

„Brand Strategy is a long-term plan to out-maneuver competitors through radical differentiation"

– Marty Neumeier

Eine gesunde Markenstrategie ist vielseitig und vielschichtig, aber niemals nicht einfach! Also meiner Meinung nach. Der Aufbau einer Marke bedarf zwar Zeit, aber ergibt sich aus vielen einzelnen Überlegungen. Die Strategie ergibt sich aus der Summe unterschiedlicher Bereiche. Deine entworfene Markenstrategie bildet später die Anknüpfungspunkte für Interessenten, auf deine Marke zuzugehen. Deshalb sollte Kommunikation immer anschlussfähig sein. Du solltest von Beginn an systematisch vorgehen, um eine einheitliche Wahrnehmung deiner Marke zu schaffen. Im Prinzip ergibt sich dein strategisches Vorgehen anhand von 10 Punkten.

Strategie

„Brand Strategy is the definition of a brand's approach to who they target, how they differentiate and how they influence perceptions and decisions"

Du kannst deine Strategie als eine Treppe zum Erfolg begreifen. Jeder Stein baut auf dem anderen auf und sorgt für ein stabiles Gerüst. Bestenfalls wird kein Stein außer Acht gelassen, damit dir dein **Branding** später nicht auf die Füße fällt. Je größer der Zweck der Marken-Existenz ist, desto größer kann dein Unternehmen schlussendlich auch werden. Welche Dinge würdest du in der Welt gerne verändern? Auch, wenn du eine kleine, nachhaltige Klamottenmarke gründest, kannst du dir zum Ziel setzen, der Fast Fashion ein Ende zu bereiten.

Beginnen wir mit der Frage, warum dein Unternehmen überhaupt existiert? Welche großen Träume hast du und welche Probleme

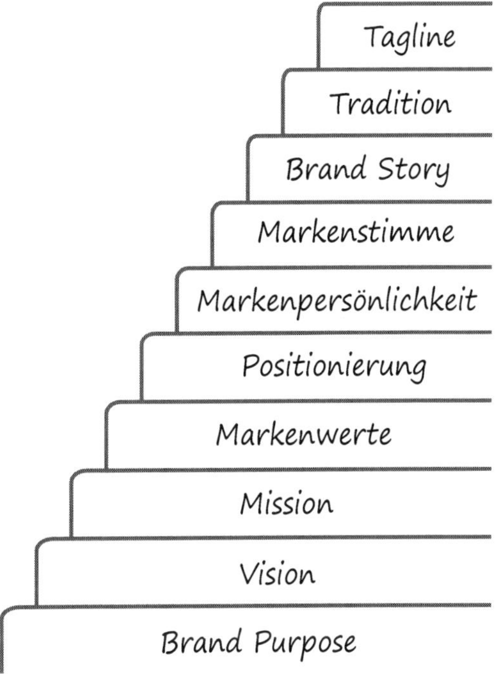

willst du angehen? Statistisch gesehen kaufen Konsumenten 4- bis 6-mal eher bei Unternehmen mit starkem Purpose. Was war der Grund oder die Ausgangssituation, wieso du dich dafür entschieden hast eine Marke zu gründen? Bei der Festlegung deines Purpose sind keine ganzen Sätzen notwendig. Der Zweck deiner Marke ist dein Warum, von dem aus du startest.

Wie soll deine Marke gestaltet werden? Ich meine nicht nur optisch, sondern ganz konkret durch deine Arbeit, die du hineinsteckst. Wenn du die Vision deiner Ziele verinnerlichst, befindest du dich im richtigen Fahrwasser. Ein Vision Statement hilft dir, den Aufbau zu strukturieren und kann als Grundlage für Entscheidungen, auch in der Zukunft, genutzt werden. Schreibe detailreich auf, wo du hinwillst. Deine Vision ist kein festes Ziel, sondern eine Richtung in die du dich entwickeln möchtest. Deine Vision beinhaltet keine festen Schritte, sondern deine Träume und Wünsche.

Wenn du die Vision verinnerlichst, kannst du sie als Kompass nutzen, dann befindest dich im richtigen Fahrwasser.

Eine Marke lebt von der Motivation jedes Einzelnen. Falls du eine Personenmarke gründest, sollte deine intrinsische Motivation, deine Ziele erreichen zu wollen, spielend auf dein Unternehmen übergehen. Hast du Spaß an Yoga und zeigst das in deinen Trainings-Videos, werden das deine Follower merken. Die Mission der Marke verdeutlicht auch nach außen, zu welchen Anstrengungen du bereit bist und dient außerdem als Grundlage für dein Marketing. Der Weg zwischen deiner aktuellen Situation und deiner Zukunftsvision sollte jedem bekannt sein. Formuliere die Zwischenschritte aus. Wo holst du deine Kunden ab und wie führst du sie entlang des Weges hin zum Ziel? In einem größeren Unternehmen muss man das differenzierter betrachten. Hier ist es nötig dieses Mission Statement, für jeden einsehbar, auszuformulieren. Auf diese Weise schwört man seine Kollegen und Mitarbeiter auf die gleiche Mission ein und bietet anderen die Möglichkeit dies abzulehnen, wenn es nicht mit ihrer Einstellung zusammenpasst.

Lebe deine Werte! Firmenwerte entspringen aus der Firmenphilosophie. Die meisten werden den schrecklichen Begriff der Compliance kennen und wahrscheinlich auch schon einmal negative Erfahrungen gemacht haben. Höchstwahrscheinlich, weil normierte Standards nach moderner Auslegung eher zur Bestrafung von Fehlverhalten, als als Baustein einer größeren Vision angewendet werden. Sie sollten einzigartig für das Unternehmen gelten und dürfen auch gerne wild und aufregend sein. Ich denke da an Firmenwerte wie Gemeinnützigkeit. Es sind nur einzelne Worte, die sich, wenn sie gelebt werden, auf deine Marke übertragen. Entlang dieser Firmenphilosophie werden Mitarbeiter also für gemeinnütziges Verhalten belobt, weil es von vornherein zu ihrer Arbeit dazu gehört. Bei einer Personal Brand sind diese Werte kongruent zu deinen eigenen und sorgen trotzdem dafür, dass ein Arbeitsverhalten entsprechend der Leitlinie eingehalten wird. Deshalb sollte man diese Punkte weise auswählen.

Der „Markt" ist ein Jahrmarkt, der groß genug ist für alle beteiligten Gewerbetreibenden. Aber wie beim Besuch im Vergnügungspark kommt es auf ein paar äußere Umstände an, um dort einen schönen Tag zu verbringen. Die Position am Eingang wird für den Ausschank von Kaltgetränken eher kontraproduktiv sein, weil Standbetreiber lieber ihr Publikum an Stehtischen bewirten würden. Außer es gibt das Produkt gegen einen runden Betrag schon in Flaschen abgefüllt zum Mitnehmen im Vorbeigehen. Es gibt immer eine klare Unterscheidung zu deinen Konkurrenten, die du auch benennen darfst. Je genauer, desto besser. Manchmal spielen die äußeren Umstände aber auch deinem USP voll in die Karten. Finde heraus, was deiner Zielgruppe haben möchte. Erfülle genau das auf deine eigene persönliche Art und du weißt, was dein einzigartiges Verkaufsargument ist. Und wenn dich der Jahrmarkt nicht bucht, dann folgen daraus andere strategische Fragen. Andere Städte haben auch schöne Feste.

Gestalte deine Marke menschlicher, nicht als Geschäft. Im Einzelhandelsladen wird dasselbe Produkt von unterschiedlichen Herstellern angeboten, damit du dich deiner Vorliebe und Preisvorstellung nach entscheiden kannst. Eine (Personen-)Marke steht nicht im Regal und ist im besten Fall auf ein bestimmtes Publikum ausgerichtet. Da kommt dein Markenbotschafter ins Spiel. Du erschaffst eine eigene Manege, in der deine Vorstellung läuft. Wer eintritt, bekommt eine Show geboten und alle Kleinigkeiten sind dabei relevant. Diese kleinen persönlichen Eigenheiten kannst du als Targetierung nutzen, damit deine Wunschkunden mit dir ein Geschäft eingehen. Die sind nämlich genau dafür empfänglich und suchen aktiv danach.Entweder bist du dein eigener Markencharakter oder die Präsentation wird von einer fiktiven Figur übernommen.

Schaffe mit deiner Markenstimme eine Bindung zu deiner Zielgruppe. Am besten geht das durch Kommunizieren deiner Persönlichkeit. Mach das einfach wie mit neuen Bekanntschaften. Kurze Vorstellung, wer du bist, was du machst und was so deine

Hobbys sind. Die Auswahl deiner Themen und die Art, wie du darüber sprichst, überträgt zeitgleich persönliche Attribute auf dein Geschäft. Personenmarken haben hier einen großen Vorteil, weil damit auf Social Media mehr Aufmerksamkeit erzeugt und eine größere Followerschaft angesprochen wird. Am Beispiel Dr. Oetker kann man aber auch sehen, dass auch fiktive Figuren für ein Unternehmen funktionieren können. Der erfahrene Koch im Werbevideo erzeugt den Eindruck, dass alle Produkte nach seiner Fachkenntnis zubereitet worden sind.

Eine interessante Brand Story bietet dir die Gelegenheit, sie von deiner Brand Voice erzählen zu lassen. Du profitierst davon, wenn du dein Publikum mit einbeziehst und Teil der Markengeschichte werden lässt. Genauso funktioniert Social Media. Unternehmensmarken mit einer Markenfigur wie z.B. das Michelin Männchen, haben auch die Möglichkeit, so eine Markenstrategie zu entwickeln. Erzähle die Geschichte deines Protagonisten oder nimm deine Follower mit in deinen echten Alltag. So erzeugst du eine hohe Kundenbindung und sorgst dafür, dass Menschen sich mit dir identifizieren können. Dein Publikum bildet Assoziationen deines Markenauftritts mit deinem Produkt, weshalb du als Influencer so erfolgreich eigene Produkte verkaufen kannst. Weil alle wissen wollen, wie die Geschichte ausgeht, baut sich Spannung auf und du kannst eine große Community bilden.

Tradition ist zwar etwas für schon länger bestehende Marken, aber ist in jedem Fall relevant. Abonnenten gewöhnen sich an Schreibstile auf Blogs, Ansprachen in Videos oder Logo-Farben. Die Entwicklungsgeschichte deiner Brand ist ein wichtiger Baustein deiner Produktpolitik. Ob du einen Badeschwamm in deinem Sortiment nach kritischem Feedback anpasst, hat besondere Aussagekraft für deine Kunden. Konsumenten wachsen mit, solange das Problem der Zielgruppe weiterhin gelöst wird. Du steuerst nicht nur einzelne Markenerlebnisse mit deiner Strategie, sondern auch die ständige Fortführung davon.

Ich liebe es. Na, an welches Essen hast du gerade gedacht? Taglines sind Slogans und sollten ins Ohr gehen. Mit einer eingängigen Melodie oder einem einprägsamen Spruch kannst du eine Erinnerung beim Publikum erzeugen, das für deine Marke gewünscht ist. Es gibt ja auch Sprüche und Töne, die einem ungewollt hängen bleiben. Auch das kann beabsichtigt sein, um eine Erinnerung an die Marke zu erzeugen. Für die gesamte Marke musst du nichts weniger finden als einen leicht einprägsamen Satz, der prägnant ist und Bedeutung hat. Klingt erstmal, wie die Nadel im Heuhaufen. Mache dir bewusst, dass du schon so einzigartig bist, dass dieser Satz existiert. Frag deine Freunde, die fassen dich prägnant in einem Satz zusammen, versprochen. Du darfst es dann nur noch in eigenen Worten ausformulieren.

1.2.1 Simex' Communications

Branding ist erst einmal ein ziemlich theoretischer Begriff. **Branding** ist nicht nur etwas, das man hat, sondern auch etwas, das man aktiv macht. Lass mich dir zur besseren Veranschaulichung ein praktisches Beispiel geben:

„Komm näher, du bist hier bei Simex' Communications. Lass uns ein Gespräch führen, um herauszufinden, was wir beide füreinander tun können!“

So oder so ähnlich würde ich dich bei einem persönlichen Meeting in Empfang nehmen. Kommunikation ist der Schlüssel für jegliches Weiterkommen im Leben. Wie man mit seinen Mitmenschen redet, ist entscheidend für Erfolg. Und es sind nicht nur Worte, die Eindrücke hinterlassen. Auch kleine Gesten, nette Gespräche und aufmerksame Ratschläge sind keine geheimen Erfolgsformeln an sich aber wegweisende Momente in Richtung Ziel. Ich bin kein großer Freund davon, alles akkurat bereit stehen zu haben beim Start, da sich vor allem in den ersten Wochen nach der Gründung

Ereignisse und Nachkorrekturen überschlagen. Kommunikative Prozesse können auch in diesem Moment mehr Türen öffnen, als Geld es jemals könnte.

„Was du denkst, zu dem wirst du. Was du fühlst, ziehst du an. Was du dir vorstellst, erschaffst du. Was du schreibst, sendest du aus.“

Als ich 2020 meine Selbstständigkeit gegründet habe, hatte ich einfach nur den Traum ausreichend Geld ortsunabhängig zu verdienen. Zu Anfang hatte ich ein selbstgebasteltes Rechnungspapier und habe Mails von meiner privaten Mail aus geschrieben. Nicht, dass das schlimm wäre, aber das ganze Marken-Dasein hat sich relativ schnell aus sich selbst heraus entwickelt. Ich möchte dir nicht den optimalen Weg zum Branding ohne Hindernisse präsentieren. Vielmehr möchte ich dir zeigen, wie man mit einigen Tipps & Tricks seine eigene Marke zum Leben erweckt.

Für mich dauert diese Entwicklung bis heute an. Im Prinzip wird diese auch nie vollständig abgeschlossen sein. Weil allein der innere Drang Abläufe zu optimieren, dein Unternehmen von Anfang bis Ende antreibt. Darum ist es so empfehlenswert, das Gebilde einer Marke für dich zu definieren. Du kannst dir Fragen stellen wie z.B.:

Was macht meine Marke aus?

Auf welchen Kanälen kommuniziert meine Marke?

Wer ist für welchen Ablauf verantwortlich?

Mit wem möchte ich mich umgeben?

Was fällt mir leicht und macht mir Spaß?

Ich verstehe, dass Markengründung für dich bisher mehr nach Zahlen und Statistiken geklungen hat. Im Grunde kann man aber jedes Business neben seiner Geschäftsfähigkeit auf seine interne und externe Kommunikation herunter brechen. Finde heraus, was dich antreibt und lerne, erfolgreich zu kommunizieren. Noch bevor du dir Gedanken um Leistungsangebote machst, solltest du bei den

Basics beginnen. Ich verstehe, dass das für einige zu random klingt. Gerade Handwerker oder produzierende Unternehmen begründen ihre Markenkultur auf ihrem Produkt. In diesen Betrieben ist keine eigene Identität gefragt, dort identifizieren sich die Arbeitenden eher damit einer Berufsgruppe anzugehören.

Ganz im Gegensatz zu einer (Personen-)Marke. Von meinem Standpunkt als Copywriter aus besteht eine Marke in der Erfahrung, die eine Person damit macht. Jetzt erinnere dich an meine Einleitung. Was du deiner Zielgruppe anbieten kannst, ist wichtig. Was deine Zielgruppe von dir bekommt, ist wichtiger. Ich rede an dieser Stelle nicht davon, Freibier zu verteilen. Denk daran: Das, was du schreibst, sendest du aus. Es geht darum, einen authentischen Gesprächston zu finden, der deine Zielgruppe abholt, egal ob diese sich auf deiner Website umschaut oder mit dir im persönlichen Zoom-Call sitzt.

Das war für mich ein Wendepunkt. Weg vom reaktiven Abwarten, hin zum kreativen Gestalten. Zum großen Glück ist meine Freundin eine talentierte Kommunikationsdesignerin und einfach gut in dem, was sie tut. Wenige Wochen nach dem Entschluss selbstständig Geld verdienen zu wollen, hatte ich direkt ein eigenes Logo, neues Geschäfts- und Rechnungspapier. Warum mir das so wichtig war? Wie man nach außen auftritt, ist eben auch Ergebnis von internen Prozessen. Erst danach kamen Fragen auf wie: „Wann trete ich auf? Wie trete ich auf? Wieso trete ich auf?"

Damit ich Geld mit meinen Produkten oder Dienstleistungen verdienen kann, brauche ich ein Unternehmen. Bis hierhin ganz konventionell. Wenn du nicht oder nicht nur offline verkaufen willst, musst du grundsätzlich an mehreren Orten gleichzeitig erfahrbar sein.

Das lässt sich am besten mit dem „McDonalds-Effekt" zusammenfassen: Du gehst hin und weißt, was du bekommst. Sowohl bei den Pommes & Burgern als auch bei den Preisen. Im Endeffekt werden dort Burger verkauft, die weder besonders noch besonders geschmacklich hochwertig sind. Wahrscheinlich wird sich die Zubereitung und das Angebot des dort verarbeiteten Fleischs wenig von dem Burgerladen in derselben Stadt unterscheiden.

Worin unterscheidet sich der Erfolg von McDonalds zu seiner lokalen Konkurrenz? Konsistenz und Standards, die sich skalieren lassen. Klar funktioniert der Ansatz von globalen Restaurantketten nach dem Gießkannen-Prinzip. In den meisten Ländern dieser Erde findest du eine Filiale, die dann zwar regionale Einflüsse aufweisen kann – aber IMMER das einzigartige **Branding** der Dachmarke besitzt. Um Kunden aus aller Welt dazu zu bringen, kontinuierlich dein Restaurant zu besuchen, brauchst du einen Wiedererkennungseffekt. Du willst entweder in den Köpfen bleiben oder deinen Stempel unter etwas setzen. Die Erfahrung, die du dabei kreierst, verwandelt dein Unternehmen zur Marke!

Zielgruppe

Ich habe mir neben dem Studium Geld durch Kellnern dazu verdient. Das hat mich beruflich an verschiedene Stationen gebracht, aber eines ist mir aufgefallen: Gäste besuchen ein Restaurant wegen seines Angebots – aber sie frequentieren immer wieder den gleichen Laden wegen des Personals.

Deine Zielgruppe sind die Adressaten deines Angebots oder Produkts. Wenn also Freunde gerne zusammen indisch essen gehen wollen, dann werden sie verschiedene Restaurants miteinander vergleichen. Anschließend wird die Mehrzahl dieser Gruppen verschiedene Lokalitäten miteinander vergleichen, die aus Preis-Leistungs-Sicht passen und gute Rezensionen haben.

Sagen wir, du möchtest deinen Traum verwirklichen und ein Restaurant aufmachen. Dein **Branding** entscheidet, für welche Küche du dich entscheidest. Wer oft nach Asien in den Urlaub fährt, asiatische Gewürze liebt oder die Gerichte zubereiten kann, wird seine

Lieblingsgerichte auf die Karte nehmen. Die Liebe steckt im Detail. Du kannst dich selbst in deiner Marke verwirklichen bei der Auswahl des Essens und bei der Einrichtung. Wie das Markenerlebnis für deine Gäste abläuft, liegt in deinem Auftreten. Und dessen Planung beginnt schon im Aufbau.

Nachdem du deinen Gourmettempel eröffnest, wirst du zum ersten Mal sichtbar für deine Zielgruppe. Irgendwo da draußen im Umkreis gibt es Freundesgruppen und Pärchen, die gerne zum Abendessen ein indisches Restaurant besuchen. Deine Sichtbarkeit auf dem Market der Möglichkeiten lenkt Gäste zu dir. Das kann durch ein Social Media Profil, Flyer oder Mund-zu-Mund-Propaganda gesteuert werden. Dein Markenerlebnis setzt strategisch schon hier an. Ein Werbevideo mit Einladung zur Eröffnung gespickt mit Aufnahmen von deinen Reisen auf dem asiatischen Kontinent kommen bei Kennern und Interessenten bestimmt gut an.

Diesen Gedanken kannst du beliebig weiterspinnen. Gibt es eine besondere Begrüßung für neue Gäste, Spezialitäten oder gießt du den Tee bei jedem Gast traditionell am Tisch ein? Deine Zielgruppe wünscht sich solche kleinen, aber merklichen Unterschiede. Das sind genau die Leute, die du bewirten willst. Dein **Branding** ist ein Spiegel deiner Beziehung zu deinen Konsumenten. Je spitzer deine Positionierung ist, desto enger kann dein Kundenkontakt werden.

Mit meinem eigenen Unternehmen brande ich gerne auf die Themen Nachhaltigkeit und Spiritualität, weil sie mir am Herzen liegen. Weil ich jeden Tag versuche, mehr zu verstehen und mir neues Wissen anzueignen, kann ich meine Adressaten bestens verstehen, wenn sie mir von ihren Zielen erzählen.

Wer deine Kunden sein sollen, überlegst du dir vorher, um sie adressieren zu können. Verliere trotzdem nie aus den Augen, wer später deine tatsächlichen Kunden sind. Das gibt dir Aufschluss darüber, wie treffend du dein **Branding** umgesetzt hast.

1.3 Thema & Markenidentität definieren

Wie definierst du dein Thema? Worin bist du richtig gut? Ich verstehe, dass du dir diese Gedanken machst, aber ich kann nur dir raten, das Ganze nicht so theoretisch anzugehen. Tausche die Fragen für den Anfang aus gegen: Worauf hast du Bock? Was beschäftigt dich?

Wählen wir also einen weniger pragmatischen Ansatz direkt aus deinem Alltag. Ich gehe davon aus, dass du dich detailgenau auskennt mit dem, womit du dich die meiste Zeit deines Lebens freiwillig beschäftigst. Das können Schminktutorials auf Youtube sein oder ein Gemüsebeet im Garten anzupflanzen.

Nimm dir jetzt einen ruhigen Moment, setz dich still hin und stell dir vor, wie du tust, was du gerne tust. Gibt es Dinge, die dich stören? Bist du glücklich? Brauchst du etwas? Fehlt dir etwas, damit es dir noch besser geht? Hier könnte mindestens ein Hinweis auf dein Thema enthalten sein.

Ich habe noch weitere gute Fragestellungen, um herauszufinden, was einem wirklich Spaß macht. Wovon handeln die Serien, die du in deiner Freizeit anschaust? Welche Bücher interessieren dich am meisten? Magst du Marvel Movies oder bist du eher Team DC? Unterschätze nie die Kraft dieser Fragen. Manchmal kommt man auch nach langer Überlegung nicht auf eine Idee, woraus man ein Business machen möchte. Dann hilft es, gedanklich den umgekehrten Weg zu gehen. Stell dir vor, du würdest bezahlt werden für das, wofür du täglich die meiste Zeit verwendest. Also das, was du heute schon tust. Lass dich nicht davon abschrecken, wenn deine Antwort darauf Büroarbeit, Hausarbeit oder Kindererziehung ist. Wie verdienen Influencer in den sozialen Medien denn Geld? Die bauen sich einen Expertenstatus auf einem bestimmten Gebiet auf oder machen ihre Marke auf anderem Wege bekannt. Schlussendlich verdienen sie Geld als Werbebotschafter für Produkte, die zu deren Zielgruppe passt.

Die Zielgruppe wiederum wird von den Inhalten angezogen, weil Abonnenten nach dem perfekten Markenversprechen für ihr Problem suchen. Das bedeutet, dass du auch als Auszubildende Follower und Aufmerksamkeit generieren kannst. Nimm Leute mit auf deine persönliche Reise und bau eine Marke auf durch Unterstützung von Gleichgesinnten. Und davon wirst du einige finden.

Gleich und gleich gesellt sich gerne. Wir Menschen sind Herdentiere. Wir sind dazu geboren, uns mit Gleichgesinnten zusammenzuschließen. Gleichaltrige Freunde, Freunde mit gleichen Interessen, Freunde aus dem gleichen sozialen Umfeld. Im Grunde sollte es super einfach sein und doch stellt sich am Anfang die Frage: Wieso sollten alle diese Leute zu mir kommen?

Weil du Expertenstatus hast! Im Leben geht es nicht darum, ein Zertifikat für alle Lebensschritte vorweisen zu können. Sobald du die Schulzeit hinter dir hast, bist du ready to go. Frühe Berufsanfänger wissen das meist noch eher als die Universitätsstudenten. Im Arbeitsleben interessiert die schöne Theorie kaum einen mehr. Der Trend geht seit Jahren auch immer mehr in die Richtung, Persönlichkeit über den Lebenslauf zu stellen.

Was bedeutet das für unser Vorgehen? Erstmal freuen wir uns krass, dass wir zu dieser Zeit am Leben sind. Amazing. Dann überlegen wir uns, was das für uns bedeutet. Das heißt, dass alles richtig ist, was und vor allem, wie wir es machen. Jede und jeder von uns ist ein Experte, nur halt nicht alle in BWL. Zum Glück.

Menschen, die interessiert sind an dem, was du anzubieten hast, kommen automatisch zu dir. Weil sie auf der Suche nach deinem Angebot sind. Die Kunst von guter Markenführung liegt darin, kommunikative Prozesse aufzusetzen, um diese Menschen zu erreichen und den ersten Kontakt zu dir herzustellen. Je besser du es schaffst, diese Personengruppe vollumfänglich zu unterstützen, desto größer wird dein finanzieller Outcome werden.

Im Endeffekt ist es deine Herausforderung, bei der Konzeption deiner Marke die Identität zu deinem Grundpfeiler zu machen. Das schafft Synergie-Effekte und kann dir als Handlungsorientierung dienen. Wenn du viel Kundenkontakt hast, baust du deine Identität über persönliche Gespräche auf, während du als Online-Shop-Besitzer kreative Wege finden musst, interagierenden Content aufzubereiten.

Vertreibst du exklusive hochpreisige Einzelprodukte oder möchtest du eine breite Masse adressieren? Alle diese Fragen sind Entscheidungen, bei denen dein Markenidentitäts-Kompass dir die Richtung weisen kann.

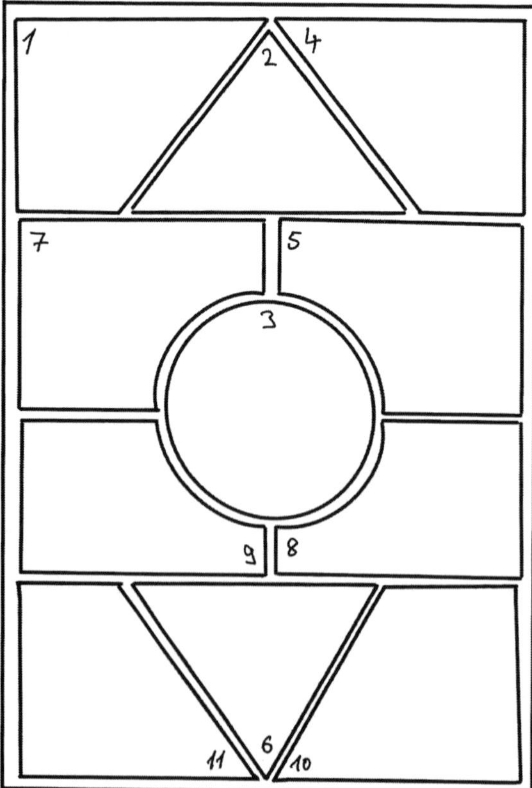

Du findest verschiedene Brand Canva Modelle auch in ähnlicher Form im Internet. Ich habe für dich daran angelehnt eine Vorlage erstellt, die du mit deinen eigenen Informationen ausfüllen kannst.

Markenidentität & Konzeption: Brand Canvas Modell

1. Rahmenbedingungen & externe Faktoren

Notiere deine Ausgangslage für den Aufbau deiner Marke. Schreibe die Ressourcen auf, die du zur Umsetzung und zur Entwicklung deines Angebots nutzen kannst.

2. Markenstruktur

Stelle dir vor, wie du deine Marke aufbauen und organisieren möchtest. Sammle alle Ideen, welche Kanäle das umfassen soll und wo du deinen Content veröffentlichen willst.

3. Markenvisualisierung

Hier kannst du dein Logo einfügen. Skizziere es deiner Vorstellung nach in Form und Farbe.

4. Wettbewerber

Finde heraus, wer etwas ähnliches anbietet, wie du. Diese Quellen können nützlich für dich sein, um zu analysieren, wie du dich positionieren kannst und was ein gut ausgearbeitetes Angebot im Idealfall enthalten sollte.

5. Wunschkunden

Schreibe auf, wer von deinem Angebot profitieren könnte. Füge die Menschen hinzu, die du ansprechen möchtest und die auch dafür in Frage kommen.

6. Markenversprechen

Notiere in einem Satz, was du deiner Zielgruppe versprechen kannst. Sei dabei sehr genau bei der Formulierung, welches Problem du auf welche Weise lösen möchtest.

7. Story

Hier kannst du notieren, was dich einzigartig macht. Notiere, was an diesen Punkt geführt hat und gehe dabei darauf ein, was dich von Konkurrenten unterscheidet.

8. Leistungen

Liste auf, was du alles kannst und was davon du schlußendlich anbieten möchtest. Achte darauf, dass jedes Produkt oder jede Dienstleistung auch einen Mehrwert für deine potenziellen Kunden hat.

9. Corporate Design

Überlege dir, wie deine Bildsprache aussehen soll. Mache dir Gedanken, wie du wahrgenommen werden willst. Deine Außenwirkung wird maßgeblich durch die Auswahl deiner Farben und die gewünschten Stimmungen bestimmt, die du erzeugen möchtest.

10. Markenpersönlichkeit

Deine Marke hat eine Persönlichkeit, die du hier in Stichpunkten aufschreiben kannst. Überlege, was zu dir passt und wie deine Kommunikation auf Kunden wirken soll.

11. Markenplanung

Hier notierst du, was das Ziel deiner Markenstrategie ist. Versetze dich in deine Zielgruppe und überlege aus ihrer Sicht, wie diese durch das Konsumieren deiner Inhalte und das Wahrnehmen deines Angebots zu diesem Ziel gelangt.

Identität kommt von Identifikation. Das, worauf du deinen Fokus und dein Handeln ausrichtest, wird wahrgenommen als Teil deiner Markenidentität. Deshalb ist eine Strategie essenziell, um dir selbst einen Leitfaden zu erstellen. Das sorgt dafür, dass du auch in stressigen Momenten deine großen Ziele in kleine Aufgaben aufteilen kannst und du in deinem Terminkalender nicht die Übersicht verlierst.

Diese Struktur musst du zum Glück nicht neu erfinden. Zur Planung meiner Marke habe ich Inspirationen gesammelt bei erfolgreichen Brands und Arbeitsabläufe in meinem Geschäftsfeld für mich übernommen, die zu mir passen. Maler, Texter, Manager – jede Berufsgruppe hat ähnliche Leistungen. Die Unterscheidung liegt also weniger im Produkt oder der Dienstleistung, sondern in der Art der Umsetzung. Das wiederum basiert auf deiner Identität.

In der Markenentwicklung gibt es zahlreiche Hilfestellungen, die du nutzen kannst. So zum Beispiel an der Grafik des abgebildeten Brand Modells, an dem du dich orientieren kannst. Diese Schritt-für-Schritt-Anleitung gibt dir ein Raster vor, das du mit deinen eigenen Inhalten füllen kannst. Wenn du eine eigenständige Brand aufbauen willst, ist es nicht entscheidend, welche Vorlage du nutzt. Vielmehr solltest du Wert darauf legen, deine eigenen Gedanken auszuformulieren, BEVOR du loslegst, Content zu produzieren oder dein Angebot zu erstellen.

Dein **Branding** geht aus deiner Markenstrategie hervor. Du kannst dich erst auf ein Brand Thema fokussieren, wenn die Grundpfeiler deiner Marke bereits bestehen. Dein Business ist der Bilderrahmen und dein Markenerlebnis ist die Farbpalette, mit der du deine Werke umsetzt. Das gilt für jede Branche und jeden Beruf. So zum Beispiel, wenn du ein Bäcker bist und ein **Branding** auf die Herstellung von französischen Backwaren umsetzen möchtest.

Deshalb möchte ich dir hiermit nicht zusätzliche Arbeit machen, sondern aufzeigen, wie viele Sackgassen du dir ersparen kannst. Bei der Skizzierung eines Geschäftsmodells kannst du das von mir angepasste Brand Modell anwenden. Das gilt sowohl für die Konzeption als auch für die Weiterentwicklung deiner Marke. Egal in welchem Berufsfeld du tätig bist, eine Marke setzt sich zusammen aus den abgebildeten einzelnen Grundpfeilern.

Auch das Erreichen eines großen Ziels beginnt mit den ersten Schritten. Nimm dir Zeit und notiere für dich die wesentlichen Punkte, aus denen deine Brand bestehen soll. So gewinnst du einen Überblick über deine Ressourcen und viele Fragen erledigen sich dadurch von alleine. Was die einzelnen Begriffe bedeuten und wie du die einzelnen Punkte umsetzen kannst, erkläre ich dir in den folgenden Kapiteln.

1.4 „Styleguide" – Markenstil

In einem Style-Guide fasst man das Design einer Marke zusammen. Es stellt die Anleitung zur Gestaltung dar. Ganz einfach auf deutsch übersetzt, ist es ungefähr gleichbedeutend mit der Beschreibung „Stil-Leitfaden". Das umfasst den Charakter, Umwelt, Unterstützung, Farben, Typographie, das Vokabular und die Anordnung des UX/UI deiner Marke. Dem liegt die Einteilung der Marken-Architektur zugrunde. Es gibt unterschiedliche Typen, die den Charakter einer Brand beschreiben wie z.B. den Typ Entdecker, Weisheit, Kämpfer, Rebell, Stärke, Alltag oder Kreativität.

Zeige dich, als wer du bist und was dich ausmacht. Die Identität deiner Marke entsteht durch authentische Inhalte. Das fängt schon bei einem griffigen Markennamen und einem prägnanten Slogan an. Niemand will sich nach einem Besuch deiner Homepage fragen müssen, in welchem Bereich du jetzt tätig bist.

Dein Markenstil wird als erstes optisch wahrgenommen. Selbst, wenn du viel mit Texten arbeitest, solltest du deshalb auf die Darstellung und Präsentation achten. Markenstil setzt sich aus Farben, Typographie, Logo, Tonfall, Bildern und Name zusammen. Jeder Aspekt wird in die Beurteilung der Markenerfahrung mit einbezogen. Kannst du dir unter einer Wäscherei mit rosa Logo und anzüglichem Namen ein seriöses Kleingewerbe vorstellen? Eher nicht. Deshalb sollte deine Präsentation auf allen Kanälen auch dem Stil deiner Arbeit entsprechen.

Die Art und Weise, wie du arbeitest, geht als deine Handschrift durch. Dabei solltest du immer im Auge haben, dass sich dein gesamter Markenstil aus allen einzelnen Bausteinen zusammensetzt. Das Wichtigste ist deine Absicht dahinter. Welche Werte möchtest du darin einfließen lassen? Welche Erfahrungen? Ich frage an dieser Stelle meistens nach dem Grund dahinter. Denn dein Stil hat einen Sinn und Zweck. Er ist Teil deines **Brandings**.

Er schafft eine eigene Ebene des Erlebens deiner Marke, viel subtiler als verbale Kommunikation.

Was du damit erreichen möchtest, ist eine Stimmung zu erzeugen. Deine Zielgruppe soll sich wohlfühlen wie Zuhause oder unter Freunden. Darum arbeiten Marken in allen Aspekten mit Unterscheidungsmerkmalen. Dein Publikum entwickelt ein Gefühl zu deiner Marke, das jedes Mal abgerufen wird, wenn dein Logo irgendwo auftaucht.

Dein (Web-)Design spielt dabei eine große Rolle. Wenn der Name deiner Marke auch dein Domain-Name ist, wirst du leichter gefunden. Die ausgewählten Farben und dein individuell gestaltetes Logo beeinflussen das Markenerlebnis.

Wenn Interessenten dann mit deiner Marke interagieren, sollte auch der Tonfall deiner Texte und deine Markenstimme ein einheitliches Bild erzeugen. Welche Informationen du bereit stellst und was du sonst noch an Formaten, wie Bildern oder Videos präsentierst, rundet diese Wahrnehmung ab.

Du möchtest in den meisten Fällen, dass Besucher nicht nur einmal vorbeischauen, sondern stetig wiederkommen. Sorge deshalb mit einem ganzheitlich ausgearbeiteten Design dafür, dass sich deine Zielgruppe wohlfühlen kann.

Kommunikative Prozesse entwickeln

Markenkommunikation findet durchgängig statt, weshalb du deine Prozesse strategisch koordinieren solltest. Dein Markenauftritt wird on Demand, live, geschrieben oder auf Bildern konsumiert. Wie das Erleben deiner Marke abläuft, kannst du von vornherein konzeptionieren. Eine gut sichtbare Homepage empfängt eine große Masse an Besuchern, aber du kannst z.B. zusätzlich exklusiven Content einbauen, der ausschließlich deine Zielgruppe anspricht.

Um präsent zu bleiben, müssen deine Inhalte flexibel erweiterbar bleiben. Automatisierung in deinen Posting-Abläufen hilft dir dabei, überall zugleich zu sein. Wie auf einer Wanderroute willst du Interessenten von einem Startpunkt im Gespräch über eine Kreuzung den Weg zum Zielort leiten. Kurze Aufnahmezeiten in heutigen Zeiten sorgen für hoch umkämpfte Sekunden der Aufmerksamkeit beim Publikum.

Entwickle deine eigenen Beispiele und Case Studys. Zeige, was du machst und wie du es machst. Denn, was du vormachst, werden andere nachmachen. Du willst ja auch einen eindrucksvollen Markenauftritt hinlegen. Schmeiß Füllinhalte raus und komm direkt zum Punkt. Wie bei einem Text muss der Catch schon in der Ansprache drin sein. Die gewonnene Aufmerksamkeit verwertest du zielbringend, wenn du mindestens ein Leadformular untergebracht hast und auf deine weiteren Kommunikationskanäle verweist.

Ein Markenerlebnis mit interessantem **Branding** hilft Prozesse aufzusetzen, die systematisch Leads gewinnen.

1.5 Soziales Profil

Am Anfang steht das leere Social Media Profil. Wie auf eine weiße Leinwand kannst du hier farbliche Akzente zu setzen. Dein **Branding** stellt deine Farbpalette dar. Um eine Marke zu werden, reicht es nicht nur Produkte verkaufen. Neben deiner Homepage oder deinem Onlineshop, wo du deine Dienstleistungen oder Produkte verkaufst, benötigst du ein anschlussfähiges Instrument, um deine Strategie umsetzen zu können. Es ist unbestritten einer der geilsten Momente, die du als Markengründer haben kannst, wenn du die Ehre hast, deine Brand einer breiten Öffentlichkeit zu präsentieren! Wenn deine Inhalte deine Zielgruppe wie von allein anziehen und du das erste Mal mit potenziellen Kunden in Kontakt kommst. Doch was sorgt dafür, dass du gefunden wirst?

Deine Marke setzt sich aus vielen kleinen Bausteinen zusammen. Das Herzstück ist aber dein Social Media Profil. Dieses Profil wird das Zentrum deiner Kommunikation, auf der dich Interessenten kontaktieren und von dem aus du mit ihnen in Kontakt trittst. Dabei ist es zweitrangig, welche der vielen Plattformen du für deinen Markenauftritt auswählst. Deine gesamte Strategie wird langfristig immer wertvoller, weil du sie über deine Markenkommunikation skalieren kannst. Ein Social Media Profil ist die Voraussetzung, damit du dein Business von einem klassischen Unternehmen zu einer Brand transformieren kannst.

Je nachdem, auf welche Zielgruppe du dich ausrichten möchtest, hat jedes Profil seine Vorteile. Du solltest beispielsweise beachten, dass z.B. LinkedIn mehr auf B2B ausgerichtet ist und Instagram eher in der Freizeit genutzt wird. Zudem unterscheiden sich die Themen der Mitglieder, die dort stattfinden. Weil Instagram auf Präsentation von Bild und Video ausgerichtet ist, stehen dort viele Themen rund um Lifestyle, Travel und Sport im Vordergrund. Die etwas ältere Nutzergruppe von LinkedIn spricht über einen Mix aus Politik und Wirtschaft, entweder im Allgemeinen oder in Bezug auf Unternehmen.

Eine Marke ist eine abstrakte Persona, die generell von verschiedenen Menschen genutzt und dementsprechend unterschiedlich wahrgenommen wird. Was für den einen fortschrittlich erscheint, hält ein anderer für zu modern. Selbst bei großen Techkonzernen wie Google scheiden sich die Geister. Daher baust du dein soziales Profil strukturiert und detailreich auf. Niemand soll raten müssen, wie dein Handeln zu verstehen ist. Anstatt auf statische Inhalte zu setzen, kannst du dokumentativen Content produzieren, der ständig abrufbar bleibt und sich stetig entwickelt. Verschiedene Live-Funktionen erlauben dir, ein Gefühl der Nähe und Intimität zu deinen Zuschauern aufzubauen.

Zusätzlich kannst du dein **Branding** kreativ aufbereiten. Nimm Interessenten mit in deinen Alltag und zeige dein Produkt oder Dienstleistung direkt bei der Anwendung. Als Personenmarke hast du hier große Vorteile gegenüber Unternehmensmarken. Du kannst dich lockerer präsentieren und musst dich mit keiner anderen Partei abstimmen, wann, wie, wo und was du postest. Grundsätzlich gilt: Je persönlicher, desto stärker kann man sich mit der Marke identifizieren. Der Inhalt ist wichtig, aber das Erlebnis entsteht durch die Art des Erzählens.

In erster Linie geht es also um den Content, den du zur Verfügung stellst. Viel wichtiger ist aber der Sinn und Zweck dahinter. Die Währungen auf Social Media sind Interaktionen und Abonnenten. Es spielt keine Rolle, ob du inspirierende Texte auf LinkedIn verfasst oder ein ansprechendes Bild auf Instagram postest – im Anschluss zahlen die Likes und Kommentare auf deinen Markenerfolg ein. Brand Awareness zu schaffen, kann auf diese Weise ziemlich einfach sein, wenn du den Schmerzpunkt deiner Zielgruppe kennst.

Dein soziales Profil macht dich bekannt und vermittelt dein Markenerlebnis. Zeige deine persönlichen Herangehensweisen und Auseinandersetzungen mit deinem Brand Thema. Gibt es spezielle Informationen, die du recherchiert hast oder führst du eine Übung auf deine besondere Art durch? Deine Marke ist zum Erleben da und dein soziales Profil ist die Bühne, um diese Momente zu teilen.

Außerdem funktioniert es als Magnet für Leadgenerierung und als wichtiger Bestandteil deines Verkaufsprozesses. Durch deine Inhalte kannst du kohärente einzelne Erlebnisse schaffen, die auf ein Ziel hinführen. Während beim Verkauf vor allem der erste Eindruck über die Kaufentscheidung entscheidet, hast du mit deinem Profil die Gelegenheit, mehrere Eindrücke auf einmal zu transportieren und trotzdem das gewünschte Ergebnis zu erzeugen. Du lieferst Alltagseindrücke und hast dabei jederzeit die Möglichkeit, auf ein einzelnes Produkt oder dein gesamtes Angebot zu verweisen.

Das soziale Profil bildet also das Sprachrohr für deine Markenstimme, um deine Zielgruppe zu erreichen. Zeitgleich sind deine Inhalte schon der erste Schritt in deinem Verkaufsprozess. Konsumenten stehen nicht vor der Auswahl von Produkten, sondern bekommen Argumente für ihre Kaufentscheidung geliefert. Um diese Leads für dich zu konvertieren, musst du nur noch Anknüpfungspunkte einbauen, die deine kommunikativen Absichten erfüllen. Möchtest du, dass Leute sich für einen Newsletter anmelden oder verlinkst du direkt auf deinen Shop? Du hast alle Gestaltungsmöglichkeiten und kannst den Prozess anpassen, wie du ihn brauchst.

Webtext

Dass Werbung darauf abzielt, dich zu manipulieren, ist leider nichts Neues mehr. Für dich geht es darum, zu erkennen, wie du dieses Wissen nutzen kannst. Alles hat seine Licht- und seine Schattenseiten, das Ying im Yang und das Yang im Ying. Verkaufstexte sollen immer Auslöser für Emotionen sein, die durch Worte aktiviert werden. Beim Lesen deiner Texte entsteht eine individuelle Reaktion auf das Gelesene. Die kannst du beim besten Willen nicht beeinflussen. Was du aber in der Hand hast, sind die Worte, die dein Produkt oder deine Dienstleistung zusammenfassen.

Vor allem das Online-Marketing ist ein Business der Superlative. Du hast bestimmt schon einmal Headlines oder Produktbeschreibungen gelesen, die dir den BESTEN Rasierer oder das UMWELTFREUNDLICHSTE Auto verkaufen wollten.

Bei vielen Ratgebern wird dieser Ansatz als gute Verkaufspsychologie beschrieben. Persönlich kann ich damit nicht so viel anfangen. Meiner Erfahrung nach sind Verkaufstexte dann erfolgreich, wenn sie Vertrauen schaffen und dem Kunden einen Mehrwert kommunizieren. Daher sollten auch reißerische Headlines immer ein substanzielles Fundament haben und nicht aus heißer Luft bestehen. Darin liegt der große Unterschied zwischen der Tatsache, ob ein Unternehmen hofft, dass ein Superlativ zutrifft oder ob man das auch belegen kann.

Kurzes Beispiel: Du möchtest deiner Zielgruppe einen Sportwagen anpreisen, sagen wir einen Lamborghini. Dieser Wagen hat einen neuen Motor und wird als der SCHNELLSTE Flitzer beschrieben. Jetzt stell dir vor, du kaufst dir den. Ist eine coole Vorstellung, ich weiß. Ist dieser Wagen dann wirklich in jeder Situation der SCHNELLSTE? Hier zeigt sich die Realität hinter Anspruch und Wirklichkeit. Auf den meisten Strecken wirst du den Motor nicht voll ausreizen können. Im Alltag auf dem Weg zur Arbeit wird das z.B. kaum der Fall sein. Bei Stau im Feierabendverkehr? Wahrscheinlich auch eher nicht. Wenn Deutschland durch die Hitzewellen zur Wüste wird? Dann würde dich zu Recht jeder Jeep im Vorbeifahren mitleidig anlächeln.

Ich finde es wichtig, diese äußeren Faktoren in deinen Texten differenziert einfließen zu lassen. Das schnellste Auto auf gerader Strecke kann das langsamste Auto sein, wenn es ums Einparken in verwinkelten Straßen geht. Meiner Meinung nach macht es mehr Sinn, auf Authentizität zu setzen als auf Angeberei. Jedes Produkt und jede Dienstleistung hat einen Kontext. Der Mehrwert liegt für den Käufer in der Umsetzung und Anwendbarkeit.

Kann dein Kunde das auch wirklich umsetzen, was du behauptest und löst es das Problem? Das ist auch die eigentliche Herausforderung bei der strategischen Markenplanung. Es ist schwierig, anderen Personen Worte in den Mund zu legen. Deine Aussagen müssen nachvollziehbar formuliert und überprüfbar dargestellt sein.

Deine Kunden wollen nicht raten müssen. Finde klare Worte und einfache Beispiele.

Bereite die Benefits kommunikativ auf, wie deine Zielgruppe dein Produkt oder Dienstleistung anwenden kann.

Frage dich, was Interessenten gerne wissen würden. Du verstehst, worum es geht, aber dein Gegenüber muss es nachvollziehen können.

Nenne nicht nur bloße Fakten. Verpacke die Infos lieber als Storytelling in deinen Texten.

Deine Strategie beinhaltet Lösungen für alle kommunikativen Hürden. Du musst erst dein Publikum verstehen, bevor du deine Markenstrategie kommunizieren kannst. Wenn du Infos im Markendialog über deine Kunden gewinnst, kannst du die Aussagen deiner Marke auf deren Problemstellung anpassen. Entlang des Weges wirst du erkennen, wie flexibel die Struktur einer ausführlich formulierten Markenstrategie sein kann.

Aufgabe 1:
Erstelle dein Markenversprechen!

Theorie ist schön und gut, aber ich möchte dir helfen, etwas aus dieser Lektion für dich mitzunehmen. Die zentrale Frage, die du dir bei deinem **Branding** stellen solltest, lautet: Was springt bei deinem Angebot für deine Kunden heraus? Klare Kommunikation sorgt automatisch für größeren Markenerfolg.

Grundsätzlich geht es dabei um 4 Faktoren. Es geht um dein Angebot, deine Zielgruppe, deine Zielsetzung und das Ergebnis für deinen Kunden. Das Ganze lässt sich auf folgende Formel herunterbrechen:

„Ich ________________ (Angebot) für ______________________ (Zielgruppe), was Ihnen hilft ____________________ (Zielsetzung), um ________________ (Ergebnis) zu erreichen."

Deine Aufgabe ist es, diese Faktoren für dich zu definieren. Die Zielsetzung lautet, in einem Satz verständlich zu vermitteln, was deine Marke ausmacht und wie du das erreichst. Damit sprichst du deine Zielgruppe direkt an und du kannst nebenbei ein Alleinstellungsmerkmal im Vergleich zu deiner Konkurrenz erzeugen.

Dein Markenversprechen ist das Ergebnis, das du durch dein **Branding** erzielst. Bei der Umsetzung deiner Strategie kannst du es als Hilfestellung nehmen, um einheitliche Erlebnisse zu erzeugen. Natürlich kannst du auch ein einzelnes Produkt oder eine Dienstleistung branden. Das System bleibt gleich, du musst nur den Satzanfang austauschen.

Das Markenversprechen von Simex' Communications lautet: „Ich entwickle strategisches **Storytelling** für Online-Coachings, um kommunikative Markenerlebnisse zu schaffen, die Werten vermitteln und der Brand dadurch ihre Traumkunden beschert." Beim Kontakt mit meiner eigenen Marke Simex' Communications – auf meiner Homepage, in meinem Podcast oder in meinem Blog – möchte ich dem Leser immer diesen Eindruck vermitteln. Außerdem richte ich meine gesamte Markenstrategie auf dieses Ziel aus, um jederzeit die Kommunikation dahingehend anzupassen zu können.

Probiere es aus und finde deine eigene Formulierung!

LEKTION 2

Marken-kommunikation

Mit einer bestehenden Marke wird vieles leichter, aber es tun sich ständig neue Herausforderungen auf. Wie behält man alles im Griff? Warum kommt es einem bei anderen mit größerem Erfolg viel leichter vor? Jede gute Umsetzung basiert auf einer zielgerichteten Kommunikation. Zu diesem Zeitpunkt überlegst du, was bei deinen Interessenten passiert, nachdem sie auf deine Marke treffen.

Du gibst den Weg vor. Ein durchdachtes Angebot ist wie die Süßigkeitenschublade in deinem Elternhaus: immer prall gefüllt und für alle Kinder was darin. Du entwickelst Argumente und setzt Prozesse auf, die deine Kunden überzeugen, dein Angebot zu buchen oder deine Klamotten zu kaufen. Lass dich von den Kunden finden, die sowieso schon gezielt danach suchen. Markenstrategie bedeutet, diesem Wunsch von vornherein zu beantworten und Markenerfolg entsteht durch das Erreichen deiner Zielsetzung. So entsteht ein Aha-Effekt und du hast den perfekten Einstieg in deinen selbst gestalteten Verkaufsprozess.

Es geht bei einer effektiven Markenkommunikation hauptsächlich um Sichtbarkeit. Unterschiede zur Konkurrenz ansprechen und hervorheben, um dein Markenversprechen einer breiten Öffentlichkeit zu kommunizieren. Deshalb sollte deine Strategie flexibel sein und auch auf mehreren Kommunikationskanälen funktionieren. Du orientierst dich an den Bedürfnissen deiner Kunden und lieferst eine Lösung anhand deiner strategischen kommunikativen Prozesse. Damit schaffst du ein Markenerlebnis, das zu dem von dir festgelegten Markenerfolg führt.

Bei Markenkommunikation geht es nicht mehr nur um Wettbewerbsvorteile oder Alleinstellungsmerkmale, sondern um deren Implementierung und Anwendung. Wie du dich positionierst, gibt vor, in welchem Berufsfeld du tätig bist und welche Zielgruppe du ansprechen möchtest. Deine Marke befindet sich in einer Phase des Wachstums und das solltest du in die richtige Richtung lenken mit deinen Maßnahmen. Diese Entwicklung braucht Zeit und Geld und diese beiden Faktoren setzen dir gleichzeitig Limits.

Neben Brand Awareness soll dein **Branding** deswegen auch finanziellen Umsatz einbringen. Allerdings variieren Unternehmensziele teilweise sehr stark, abhängig von dem jeweiligen Angebot. Eine Personenmarke und eine Unternehmensmarke finden beide auf Social Media statt, aber unterschieden sich vor allem beim Verkaufsprozess. Wo ein mehrköpfiges Unternehmen durch Content auf Instagram auf seine Brand Awareness einzahlt, betreibt eine Personenmarke exklusives Community Building. Beide können dabei **Branding** betreiben, um ihre Marke zu beleben.

Das **Branding** einer bestehenden Marke dient als Positionierung und als Kompass für die Kommunikation. Aufbauend auf den ersten Schritten der Markenentwicklung kannst du dir eine Strategie zur Umsetzung entwerfen. Es geht darum, das entstandene **Branding** in deine Kommunikation einfließen zu lassen. Du profilierst dich vor deinem Publikum als Experte und gewinnst somit die Aufmerksamkeit deiner Zielgruppe. Wenn du dich auf eine Nische konzentrierst, dann kann du deinen Content und deine Produkte zusätzlich auf deine Nischen-Zielgruppe anpassen.

Aus deinen einzelnen Produkten erarbeitest du dann schließlich das zielgruppengerechte Angebot, das dein Markenversprechen einlöst. Welche Herangehensweise du wählst, ergibt sich automatisch. Ein Unternehmen wird versuchen, eine große Personengruppe anzusprechen und hat bei der Preispolitik die Möglichkeit, sein Produkt billiger und dafür öfter zu verkaufen. Ein bildender Künstler, eine Illustratorin oder eine Yoga-Lehrerin, die sich als Marke präsentiert, wird einen exklusiveren Kundenkreis adressieren und auch preislich höher ansetzen. Daran merkst du, dass sich Strategie und Kommunikation gegenseitig bedingen.

Weil ein **Branding** erfahrbar sein muss, ist es wichtig, deine Strategie in die richtigen Worte zu packen. Das Reden über dein Thema ebnet den Weg, damit aus interessierten Leads zahlende und zufriedene Kunden werden. Dein Markenerfolg entsteht dann, wenn du deine Message mit einer hohen Sichtbarkeit an die richtigen Leute transportierst. Wenn deine Zuhörer, Follower und Leser Teil durch ein stringentes Markenerlebnis Teil deiner Unternehmensgeschichte werden, dann hast du den Übergang zur Marke erfolgreich geschafft!

2.1 Positionierung

Mit einer strategischen Planung kennst du nun die Richtung, in die du deine Marke entwickeln möchtest. Aber wie und vor allem wo fängst du an, diese Markenstrategie auch umzusetzen? Zuerst musst du wissen, wo du stehst und warum Kunden bei dir kaufen. Um dein **Branding** kommunizieren zu können, hilft es, zu Beginn erst einmal deine Marktposition herausfinden.

Ohne eine eigene Positionierung bist du wie eine Flasche Ketchup im Regal für Waschmittel! Das schmeckt bestimmt lecker, aber steht am falschen Platz. Warum ist das ein Problem? Weil du dort nicht von deiner Zielgruppe wahrgenommen werden kannst. Deine Positionierung ist entscheidend für die Kommunikation deiner Inhalte. Eine Ist-Analyse hilft dir herauszufinden, wo du gerade stehst in Bezug auf Markenpersönlichkeit & Markenwerte. Nimm dir ein Blatt Papier und teile die Seite in zwei Spalten auf. Auf der linken Seite trägst du dein **Branding** ein, das könnte z.B. eine Spezialisierung auf Sportartikel für professionelle Kitesurfer sein. In der rechten Spalte kannst du nun Meinung sammeln, wie fremde Personen deine Marke wahrnehmen. Deine eigene Wahrnehmung kannst du natürlich auch notieren, aber für die Analyse ist die Außenwahrnehmung viel entscheidender.

Im Prinzip verdeutlicht dir das Ergebnis die Diskrepanz zwischen deinem Anspruch und der Wirklichkeit. Deine Position resultiert zwar aus deiner Eigendarstellung, aber um dich besser positionieren zu können, ist das Feedback von außen entscheidend. Du kannst dies auch in Form einer Umfrage mit Freunden und Bekannten durchführen, indem du danach fragst, ob man beim Besuch deiner Homepage und deinen Werbetexten versteht, was das gewünschte Thema deiner Brand sein soll.

Vielleicht findest du im Zuge dessen auch heraus, dass dein Publikum denkt, du seist im Wassersport tätig. Das geht dann schon einmal in die richtige Richtung. Es verdeutlicht dir aber auch, dass dein Content zu wenig Informationen über Kitesurfen enthält. Umso zielgerichteter deine Markenstrategie festgelegt ist, desto treffender transportiert deine Markenkommunikation dein **Branding**.

Dein Markenversprechen beinhaltet immer einen Mehrwert für deine Zielgruppe. Auf der Basis deiner Mission, Vision und deinen Werten aus deiner Strategie hast du am Ende der ersten Lektion schon dein Markenversprechen ausformuliert. Daran solltest du deine Markenkommunikation ausrichten. Bei einer eindeutig auf deine gewünschte Zielgruppe ausformulierten Markenbotschaft spricht man von einer spitzen Positionierung. Diese Botschaft wird Teil deiner Identität und ist der Anziehungsfaktor für Interessenten sich mit deinem Angebot auseinanderzusetzen.

Metaphorisch gesehen baut dein **Branding** also eine Brücke in die Herzen deiner Kundschaft. Deine Strategie ist der Mörtel, aber deine Leistungen bestimmen dessen Breite. Solch einen kommunikativen Zugang baust du mit den folgenden Schritten auf.

Ziele festlegen

Zielgruppe ermitteln

Zielgruppe analysieren

Zielgruppengerechten Content erstellen

Identität entwickeln und Attribute in den Fokus rücken

Authentizität erzeugen

(Mehr-)Wert weitergeben

Kollaborationen suchen

Wenn du dich verläufst, dient dein **Branding** dir als Kompass, um am richtigen Ziel anzukommen. Markenkommunikation zeichnet sich dadurch aus, dass sie lebendig und stets aktuell ist. Um wettbewerbsfähig zu bleiben, wird sich deshalb auch deine Markenstrategie an manchen Stellen ein wenig anpassen müssen. Diese Weiterentwicklung funktioniert hauptsächlich über den Content.

Abgesehen von multimedialen Inhalten, die man sich auf Abruf anschauen kann, bilden hauptsächlich geschriebene Texte die kommunikativen Kontaktpunkte mit deiner Brand. Über Posts, Blogeinträge oder Werbetexte teilst du dein **Branding** deiner Zielgruppe mit. Du kannst dich als erfahrener Hundetrainer spitzer positionieren, wenn du ab sofort Trainingsstunden für Cockerspaniel verkaufst. Wie du merkst, ist es abhängig vom Thema, welcher Kommunikationskanal sich für die Präsentation am besten eignet.

Während du dein **Storytelling** weiterspinnst, ist die Hauptsache, dass du dabei den roten Faden nicht aus den Fingern gleiten lässt. Für eine Personenmarke wie eine Unternehmensmarke geht es aus Sicht des Konsumenten um die Erfahrbarkeit. Ein Produkttext mit ausführlichen Informationen wird zwar gelesen, aber folgt einer anderen Logik. Gerade Inhalte, die ohne Emotionen auskommen, werden meist einfach nur mit Konkurrenzprodukten verglichen. Aus Konsumentensicht ist dieser Ansatz komplett nachvollziehbar.

Für eine Marke gilt es, dem Publikum eine Erlebniswelt rund um das Produkt zu liefern. Mache aus deiner Flasche Ketchup ein einzigartiges, traditionelles Soßengedicht aus sonnengereiften toskanischen Tomaten. Weil du dich damit auskennst, verfeinerst du dieses noch mit regionalen Gewürzen und Nonnas Spezialzutat. Verkauft wird das dann im ansprechend gestalteten Glasbehälter für längere Haltbarkeit! Merkst du den Unterschied?

Mit dieser Positionierung verkaufst du wahrscheinlich nicht nur im Soßenregal. Deine Kommunikation gibt den Ton an. Tomaten zu Ketchup verarbeiten, kann jeder. Solltest du dich im Regal zwischen Konkurrenzprodukten positionieren, musst du deine eigene Stimme nutzen, um deinen Markenmehrwert authentisch mitzuteilen. Keine Sorge, mit einer spitzen Positionierung werden dich die richtigen Kunden auch finden, wenn du nicht laut rumschreist! Der Unterschied einer gebrandeten Markenkommunikation ist qualitativ & quantitativ spürbar. Solange du relevante Themen auf deine einzigartige Art & Weise präsentierst, bekommst du organisch qualitativ hochwertige Leads.

Zusätzlich kannst du dein **Branding** auf unterschiedlichen Kanälen anwenden und so deinen Content skalieren, um quantitativ & nachhaltig wachsen zu können. Wen du dabei adressierst, definierst du im Vorhinein in ausführlichen Buyer-Personas.

Buyer-Personas

Wer sind deine Käufer und was steckt dahinter? Wenn du wissen willst, wie du deine Zielgruppe von dir überzeugst, solltest du dich an ihr orientieren. Stell dir die Frage, wer dein Produkt haben möchte und wieso. Diese Personen müssen dich erst einmal finden, weswegen du ihnen auch entgegenkommen kannst.

Beschreibe ausführlich und detailreich, wie diese Menschen heißen können und lege Profile an. Du musst die Menschen studieren und kennen lernen, deren Wünsche du erfüllen möchtest. Außerdem willst du wissen, wer vielleicht sowieso auf dein Angebot eingehen würde.

Innerhalb deren Lebenswelten herrschen eigene Regeln des Umgangs und Codes der Kommunikation. Überlege dir im wahrsten Sinne des Wortes, welche Sprache diese Leute sprechen. Notiere dir einen imaginären Steckbrief zu den verschiedenen Personen. Vielleicht kennst du ja schon einige davon, dann kannst du natürlich auch das schon in deine Auflistung übernehmen.

Du richtest deine gesamte Markenkommunikation daran aus, deshalb solltest du hier so ausführlich, wie möglich vorgehen. Wie alt sind diese Leute und wo kommen sie her? Interessieren sie sich für dich, weil sie es müssen oder ist das einfach nur ein Zeitvertreib? Im ersten Moment sind das einfach nur phantasievolle Überlegungen.

Wenn du aber überlegst, dass diese Menschen Geld in die Hand nehmen werden, um es für dein Produkt oder Dienstleistung auszugeben, dann wird der Wert davon nach und nach klarer. Ein Familienvater mit durchschnittlichem Einkommen hat nicht einfach mal eben eine 4-stellige Summe parat, die er ausgeben kann. Das gilt auch für ein Angebot, das ihm körperlich oder mental helfen kann.

Durch empathisches Überlegen kannst du herausfinden, wie es für diese Person möglich ist, z.B. an deinem Online-Kurs teilzunehmen. Du könntest den Gesamtpreis aufteilen, indem du auch deine Kurs-Videos gestückelt anbietest. Oder du lieferst schon durch kostenlosen Content kleinere Hilfestellungen und er kann sich die Teilnahmegebühr über längere Zeit zusammensparen. Die Buyer-Personas sind der Ausgangspunkt, aber deine Kunden wachsen auch mit dir mit.

2.2 Expertise herausarbeiten

Dein sich immer wieder selbst erfüllendes Markenziel sollte es sein, den Kunden durch deine Arbeit einen Mehrwert zu liefern. Dieser Wert kann für jede Tätigkeit angepasst oder erhöht werden. Wenn du mit deiner Zielgruppe kommunizierst, dann ist das jedes Mal wieder dein moment to shine. Umso mehr Anstrengung du reinsteckst, desto tiefer geht die Kundenbindung.

Die vermittelten Markenwerte bleiben gleich, aber der einzelne Mehrwert darf sich von Produkt zu Produkt unterscheiden. Die Gemeinsamkeit wiederum liegt darin, dass jedes Produkt einen individuellen Use Case hat. Das bedeutet, alle Produkte sind für einen speziellen Zweck entworfen worden. Falls du beispielsweise Fitnesscoach sein solltest, dann bietest du Leistungen im Sportbereich an. Um fit zu werden, kann man dann also dein Angebot kaufen.

Das Ziel dahinter für deinen Kunden besteht aber nicht im Kauf deines Programms, sondern in den möglichst größten sichtbaren Bauchmuskeln. Am besten kannst du deshalb den jeweiligen Mehrwert an Menschen vermitteln, die von Anfang an dafür empfänglich sind. Aus denen besteht die Zielgruppe deines Produkts. Leute, die mit dem gelieferten Ergebnis etwas anfangen können.

Deswegen erstellst du Buyer-Personas für jedes Produkt, um genau diese Personen adressieren zu können. Ein an Kundenwünsche angepasstes Angebot wird qualitativ hochwertiger und darf preislich teurer sein. Targetierst du hingegen eine breite Masse, dann sinkt in den meisten Fällen auch der Einzelpreis. Dein **Branding** fungiert daher auch als Orientierung für Interessenten, um dein Angebot preislich einschätzen zu können.

Unabhängig von deinem Ansatz zählt beim Konsumenten der gelieferte Mehrwert. Selbstverständlich kannst du einen verhältnismäßig kleinen Nutzen nicht für großes Geld anbieten. Außer du deckst damit einen besonderen Bedarf ab, den du als Besonderheit deiner Brand kommunizierst. Wenn du ein Gasthaus in den Alpen betreibst, machen diese Kleinigkeiten auch den Charme aus und sind identitätsstiftend, wenn du zur Marke werden willst. Im Zuge dessen haben heiße Maronen in der Abgeschiedenheit auf einem Berggipfel dann halt auch ihren Preis.

Expertise ist nicht zwingend gleich zu setzen mit einer fachlichen Legitimation. Du kannst dir auch besonderes Wissen rund um dein Brand Thema aneignen, ohne dafür einen Fachhochschulkurs zu besuchen. Im Fachjargon würde man dir raten, dass du dich an Case Studys orientieren solltest. In der Praxis kannst du auch deiner Oma über die Schulter geschaut haben, um möglichst viele Handfertigkeiten und Rezepte zu lernen. Egal auf welchem Weg du dir dein Fachwissen aneignest, die besten Tipps und Tricks kannst du dir bei erfolgreichen Vorbildern abschauen. Und wer kennt nicht das Prädikat für Geschmackserfolg, das lautet: „So gut, wie bei Oma"? Diese Einzigartigkeit hat unsere weiblichen Vorfahren zu einer eigenständigen Marke werden lassen.

Solange du weißt, was sich für dich richtig anfühlt, kannst du es auch authentisch verkörpern. Um anschließend in deiner Markenkommunikation glaubhaft als Experte aufzutreten, musst du praktische und theoretische Erfahrung verbinden. Jede Marke wird erst lebendig durch die Aktion. Du bist kein Buch, du vermittelst nicht nur das Wissen. Du bist eine Brand und zeigst auch dessen Anwendung. Bei der Umsetzung von der Theorie in die Praxis verwandelt sich für dein Publikum das **Branding** in ein Markenerlebnis.

Sammle in der Markenkommunikation Einblicke in die Lebenswelt deiner Zielgruppe und löse deren alltägliche Probleme, mit denen diese konfrontiert wird. Welche Trainingsgeräte bestellen sich Menschen mit Rückenschmerzen für zuhause? Wenn du diesen Personen weiterhelfen möchtest, kannst du dir dieselben Geräte nach Hause bestellen. Auf diese Weise findest du im Schnelltest heraus, wie du mit deiner Expertise die angebotene Lösung optimieren kannst.

Das funktioniert, egal, in welchem Berufsfeld du unterwegs bist. Du kannst Produkte ausprobieren, Literatur durchforsten und Konkurrenzangebote selbst ausprobieren. Finde die marktüblichen Mechanismen heraus und implementiere für deren Lösung einen eigenen, effektiveren Prozess.

Alternativ kannst du natürlich auch an der Darstellung und/oder Erklärung ansetzen. Unternehmen verkaufen Produkte, Marken präsentieren Lösungen. Dein Angebot liefert Ergebnisse und reduziert damit Frustration. Wenn du etwas schöner, besser, einfacher, deutlicher an deine Zielgruppe kommunizierst, kannst du dich auch so als Experte profilieren. Diese Autorität resultiert aus der Kenntnis deines Brandthemas, das du besser verstehst als deine Kunden.

Kunden haben einen Schmerzpunkt, der sie in irgendeiner Form limitiert. Diese Limitierung kann entweder finanzieller, psychischer oder physischer Natur sein. Aufgrund deiner Erfahrung kannst du mit deinem Angebot die passende Lösung dafür anbieten. Du bist Ansprechpartner bei allen Fragen rund um dein Thema. Dabei geht es nicht darum, dein Produkt zu verkaufen, sondern deine Kenntnis unter Beweis zu stellen.

Manche Kundengruppen haben auch einen inneren Konflikt, den sie alleine nicht überwinden können. Deine Fähigkeit muss es sein, mit deiner Expertise auf dieses Problem eingehen zu können. Das Angebot, das du daraus entwickelst, sorgt für eine Verbesserung der Performance deiner Klienten. Damit sind z.B. Coaching-Programme gemeint, bei denen du Hilfe zur Selbsthilfe bietest.

Weil du weißt, wie der Hase läuft, kennst du außerdem alle Lifehacks und Abkürzungen, die es so gibt. In manchen Bereichen suchen

Kunden nach einem Prozess oder einem System, das ihnen das Leben erleichtert. In diesem Fall bist du nicht als Autorität oder Fachperson gefragt, sondern als erfahrener Profi. Du bist gefragt, wenn du es schaffst, deinen Kunden Zeit, Geld und Anstrengung zu ersparen.

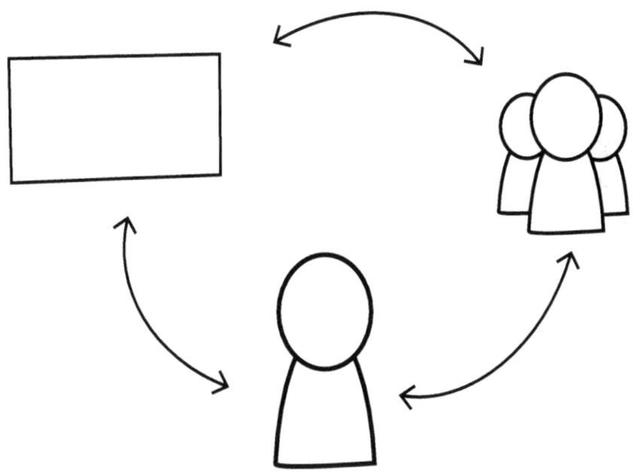

Expertise

Leute, die sich auskennen, gibt es viele. Wissen an sich bildet schon eine Expertise. Zum Experten, der von seinem Publikum als Fachmann wahrgenommen wird, fehlt dann nur ein kleiner Schritt. Denn, aus großer Macht erwächst große Verantwortung. Alte Familienweisheit.

Ein Experte hat nicht zwingend einen fachlichen Hintergrund. Vor allem bei Personenmarken gibt es viele, die sich als Gatekeeper verstehen und ihren Status durch hohe selbsterworbene Kenntnis des Themas bekommen haben. Beim Expertentum muss der Experte für sein Publikum medial präsent sein. Als Experte ist deine Funktion die Kommunikation von Wissen rund um ein spezielles Thema in dem (d)ein Produkt stattfindet. Das beinhaltet solche Punkte, wie die Produkte in Anwendung zu zeigen und eine Einschätzung im Vergleich abzugeben.

Du schlägst zwei Fliegen mit einer Klappe, wenn dein **Branding** zu deinem Alltag passt. Du erzeugst eine hohe Kompetenz und hast Erfahrung vorzuweisen, die dich von Konkurrenzmarken unterscheiden. Noch dazu kannst du unzählige Formen der Kommunikation nutzen. Nutze Infografiken, eigene persönliche Erfahrungswerte oder Vlogs als exklusiven Brand Content.

Du musst deine Expertise nicht zur Schau stellen. Wichtig ist nur, dass du dich im medialen Austausch mit deiner Zielgruppe befindest. Du kannst dich auch als Experte branden, aber ein **Branding** auf dein Thema sagt schon grundsätzlich aus, dass du gut darin bist. Du entscheidest, was besser zu deiner Markenstrategie passt.

Ein Chiropraktiker, der nützliche Tipps auf Social Media gibt, hat vielleicht das Markenversprechen, Rückenschmerzen von Büroarbeitern beseitigen zu können. Es macht einen Unterschied, ob der Account einen Doktortitel enthält oder nicht. Das überträgt unterbewusste Merkmale, wie Autorität und Hintergründe über ein fachliches Studium auf die Marke.

Im Vergleich kommt es auf das gleiche Ergebnis heraus, wenn andere Chiropraktiker ihre Patienten auch erfolgreich behandeln. Aus Sicht der Markenstrategie könnten alle dasselbe **Branding** haben, wenngleich sich die Zielgruppe deutlich unterscheiden wird. Du giltst als Experte bei einer Zielgruppe, weil dein **Branding** für sie funktioniert und das solltest du auch zeigen.

Bei Unternehmensmarken werden Unternehmenserfolge oft schriftlich kommuniziert, weil sie Informationen und Daten enthalten. Deshalb ordnet man große Marken wie Apple oder ähnliche meist aufgrund der Qualität der Produkte als erfolgreich ein. Selbst, wenn das neue iPhone keine Weltneuheit ist, hat es bei jeder neuen Produktlinie bessere Leistungsstatistiken. Solange das überzeugend funktioniert, gelten Mitarbeiter der Marke als Experten.

Auf Social Media hast du als Personenmarke da einen viel größeren Handlungsspielraum. Im Vergleich zu Firmenvideos zu

Präsentationszwecken kannst du alle Register ziehen und Umfragen, Use Case der Produkte und Persönlichkeit zusammen in deinem Video Content verpacken. Die oberste Regel dabei ist die Konsistenz beim Output. Auf diese Weise kannst du zwar leichter ein **Storytelling** implementieren, aber dein Markenerlebnis ist stark von Aktualität abhängig. Deine Strategie dürfte aber spielend dazu führen, dass du einen abwechslungsreichen Redaktionsplan zusammenstellen kannst.

2.3 Nische finden

Nachdem du deine Positionierung und die Expertise in deinem Arbeitsfeld für dich geklärt hast, bist du bereit, beides an potenzielle Kunden zu vermitteln. Deine Zielgruppe wird dich aufgrund deines Angebots finden, weil sie danach Ausschau hält.

Stell dir vor, du bist Comedian. Das fällt manchen schwerer, manchen dagegen umso leichter. Es gibt eine sehr große Anzahl an Menschen, die als Unterhaltungsprogramm ein Comedy Programm besuchen. Sie wollen Spaß haben und was zum Lachen bekommen. Ein Glück passt das genau zu deinem Profil, weil du witzig bist und eine gute Show liefern kannst. Kontraproduktiv kann es also nur werden, wenn denen dein schwarzer Humor nicht so gefällt. Das Gute daran ist: Sobald Besucher deine Show verlassen, weil du böse Witze über Kirchenmitglieder machst, hast du per Ausschlussverfahren deine Nische gefunden!

Nische

Deine Zielgruppe hat ein Problem. Natürlich nicht mit dir; du bist derjenige, der dafür die Lösung parat hat. Im Frühjahr, wenn wieder gute Vorsätze gemacht werden, hast du als Fitnesscoach in der Regel mehr Anfragen von Neukunden als sonst. Du bietest schließlich Sport an, das kann ja nur richtig sein für den Körper nach seinem Winterschlaf. Es melden sich viele Leute bei dir, die von der Beweglichkeit alle irgendwo im Bereich zwischen Anfängern und Profisportlern rangieren. Allerdings sind das nicht die Personen, die du adressiert hast.

Eine große Bandbreite an verschiedenen Zielgruppen abzudecken, kann für dich möglich sein, je nachdem, was dein Angebot ist und was dein Markenversprechen beinhaltet. Du willst natürlich immer eine große Anzahl an Interessenten ansprechen, die von deinem

Coaching profitieren können. Allerdings ist deine Nische eine Positionierung, die immer einen exklusiven Kundenkreis adressiert.

Machen wir ein Beispiel für deine Marke als Fitness Coach: Ich nehme mal an, du läufst gerne Marathon, hast eine kleine Familie und verbringst mit deinen Liebsten deshalb in deiner Freizeit auch gerne viel Zeit beim Wandern. Deine Zielgruppe könnten also Extremsportler sein, die zur Entspannung in die Natur fahren und die sich für einen sportlichen Wettkampf fit halten möchten. Das sind die Adressaten, für die du deinen Content erstellst, bei dem du generelle Aufmerksamkeit für deine Brand schaffst.

Wovon handeln diese Inhalte dann? Hier kommen dein Branthema, deine Mission und deine Vision ins Spiel. Wenn du über Ernährung sprichst, gesunde Ernährungspläne für Wanderer dein Angebot sind und du damit andere Väter unterstützen willst, hast du eine ideale Nische gefunden. Ein **Branding** auf eine Nische hängt ganz stark mit deinen Buyer Personas zusammen.

Auf der Basis von Alter, Job, Geschlecht und einem geschätzten Einkommen erstellst du dir deine individuelle Nischen-Zielgruppe. Kommuniziere die Lösung, die sich deiner Nische stellt, an deine spezifische Zielgruppe. Dein Markenversprechen ist genauer, wenn du ein spezifisches Ziel vorgibst. Das Markenerlebnis eines erfolgreichen **Brandings** besteht darin, dass du als Experte ein gewünschtes Ergebnis lieferst. Das **Branding** auf ein Nischenthema ermöglicht dir, Content zum Erleben zu erstellen, der deine Marke organisch wachsen lässt.

Um eine Nische adressieren zu können, musst du in erster Linie herausfinden, wer diese Leute sind. Ein effektiver Ansatz ist es, von deinem Angebot ausgehend zu untersuchen, welcher Personenkreis damit Herausforderungen im Alltag besser meistern kann. Zur Erstellung deines Nischen-Contents kannst du dich fragen, welche Wünsche diese Gruppe hat. Ähnlich zu einer spitzeren

Positionierung sind auch die Ansprüche dieser Nischen-Zielgruppe spitzer formuliert.

Hier kommen deine vorformulierten Buyer Personas ins Spiel. Wo liegt der Unterschied zwischen Besuchern einer Comedy Show und denen, die auf dunklen Humor stehen? Spezieller Content mit einer eingegrenzten Absicht ist zielgerichtet, wenn er kommuniziert wird. Die Lebenswelt dieser Adressaten ist nicht so einzigartig wie die Inhalte, die sie suchen. Gerade deshalb werden sie aber auch von sich selbst auf die Suche danach gehen. Eine Nische ist eine besondere Distinktion, die vorgibt, wie und wo diese Personen danach suchen.

Sei dir bei Werbemaßnahmen bewusst, dass du versuchst, in einem Teich zu fischen, der mehr Fische beherbergt, als du überhaupt fangen willst. Deswegen ist eine klare Ansprache notwendig. Schmücke deine eigene Markenkommunikation mit detailreichen Charakteristika über alle deine Plattformen hinweg. Liebhaber von Monty Python besuchen eventuell auch gerne mal eine Show von Mario Barth. Sie würden aber das Leben des Brian jederzeit anhand von einzelnen Zitaten erkennen und noch an der Kasse auf dein Angebot umschwenken, wenn du ihnen das richtige Zeichen gibst. Wenn du auf deine individuelle Art Referenzen in Texten oder Bildern zu deiner Nische über alle Kanäle hinweg einpflegst, erschaffst du so einen wahren Kundenmagneten.

Du kannst dein **Branding** also als eine Form der Optimierung sehen. Passe deinen Namen, deine Social Media Biografie und Bilder an diese Nische an. Setze Highlights, die erkennen lassen, wie tief dein Wissen über dieses Thema geht. Wie du diese Punkte detailreich anpasst, weißt du im Idealfall aufgrund deiner eigenen persönlichen Vorlieben oder Erfahrungen. Falls dies nicht der Fall ist, weißt du, wo du suchen musst. Dein Publikum muss aus deiner Markenkommunikation herauslesen können, dass es nicht nur ein Hobby ist.

Unternehmensmarken können diese Form des Wissens auch vermitteln. Es bedarf allerdings in jedem Fall einiges an Nachforschung und einer Überarbeitung der strategischen Inhalte. Dein kommunikatives Ziel muss dabei sein, zu vermitteln, welches spezielle Problem du adressierst und wie du es lösen möchtest. Dies setzt aber auch eine enge Kundenbindung voraus.

In Bezug auf Comedians reicht die Bandbreite von exklusiven Comedy Auftritten hin zu einer eigens entworfenen Meme-Sparte wie z.B. den „Dunklen Donnerstag“. Das nur mal so aus dem Bauch heraus. Ich bin schließlich Texter und (noch) kein Comedian.

2.4 Content Erstellung

Content Writing

Von Beruf bin ich Texter und Konzepter. Auf Neudeutsch findest du meine Berufsgruppe in Bewerbungsportalen außerdem auch unter Copywriter oder in seltenen Fällen auch unter Content Writer. Das heißt im Prinzip nichts weiter, als dass ich Worte mit einer strategischen Absicht verfasse. Im Großen und Ganzen verfolgen kurze oder lange Textblöcke die gleiche Absicht. Aus Unternehmenssicht soll niemand einen Artikel einfach so just for fun lesen. In dieser Hinsicht haben die Verfasser ganz konkrete Absichten im Sinn. Dabei ist es egal, ob Bekanntheit, Sichtbarkeit oder ein Produktkauf das Ziel dahinter sind. Hauptsache ist, dass die Anzahl der Leser auf den Unternehmenserfolg einzahlt.

Für eine Personenmarke gelten dieselben Voraussetzungen. Aktive Leser und Abonnenten tragen zum Markenerfolg bei. Dazu kommt nur noch, dass die durch die Inhalte geschaffene Erlebniswelt bereits Teil des Verkaufsprozesses ist. Die Texte geben wieder, wie tief das **Branding** in deiner Marke verankert ist. Denke daran, dass deine Zielgruppe dich als Experten sieht. Das bedeutet natürlich, dass du auch spaßigen Content erstellen kannst, wenn du das willst. Vielleicht sollte der sogar lustig sein, wenn das deiner Markencharakteristik entspricht.

Du besitzt aber eine Markenidentität, die auf ein Thema ausgerichtet ist. Sich an einem Tag für Rasierer zu interessieren und am nächsten Tag für Heckenscheren, verwässert unterschwellig die Aussage deiner gesamten Markenkommunikation. Im Vergleich zu einer Personenmarke kann eine Unternehmensmarke ein größeres Angebot an Produkten haben. Sobald ein Industrieunternehmen aber anfängt, Witze über kurzbeinige Hunde zu machen, fragt sich das Publikum, warum es nicht bei scharfkantigen Metallprodukten geblieben ist.

Dein **Branding** soll dich als Profi zeigen. Eine Erweiterung deines Portfolios auf neue Produkte erzählst du am besten unterhaltsam mit einem Spannungsbogen als angeregtes Storytelling. Wie gesagt, deine Markenkommunikation soll beiläufig Verkaufsargumente liefern. Anstatt einzelne Kampagnen zu fahren, wie es ein Unternehmen macht, erzeugst du als Personenmarke daher eher eine in sich stimmige Erlebniswelt.

Die entsteht zwar nicht einfach nur durchs Reden, aber Worte sind die Träger deiner Kommunikation. In diesem Zusammenhang kommt es auch ganz stark auf die Verwendung von Keywords an. Jedes Thema hat gewisse Anknüpfungspunkte und die dazugehörige Community ein gewisses Vokabular. Für die Erstellung von strategisch geformten Inhalten kommst du also nicht drum herum, dich mit Keyword-Statistiken auseinanderzusetzen.

Um diese rauszufinden, kannst du Tools nutzen, die ich im nächsten Kapitel zusammengestellt habe oder du gehst eigenständig auf die Suche. Beispielsweise kannst du dir bei der Recherche von relevanten Beiträgen wiederkehrende Worte notieren. Alternativ ist es auch möglich, im Dialog mit deiner Community eigene Codes zu entwickeln, die sich als Schlüsselwörter eignen. Eine individuelle Auswahl erhöht die Sichtbarkeit unter deiner Zielgruppe und führt langfristig zu höheren Interaktionsraten.

Abhängig von dem Kommunikationskanal, den du wählst, empfiehlt sich also kurzer oder längerer, informativer Content. An dieser Stelle wird dein Markenerlebnis geschaffen und dein **Branding** in die Tat umgesetzt. Bis hierhin war es strategisch, ab jetzt verlassen wir die sicheren Wege und stoßen ins Unbekannte vor. Du musst dich auch nicht jetzt schon festlegen, welche Form du anwendest. Vielmehr macht es Sinn, im Austausch mit deiner Zielgruppe zu erkennen, was diese bevorzugt und das anschließend umzusetzen.

Mit Copwriting ist das Verfassen von kurzen Texten gemeint, die Aufmerksamkeit erregen, Interesse hervorrufen und eine Handlung auslösen. Wohingegen Content Writing bedeutet, längere Texte zu schreiben, die Informationen teilen und auch erklären sollen. Für einige Marken empfiehlt sich auch Content in beiden Formen zu veröffentlichen. Markenkommunikation auf Social Media lenkt häufig über kurze Copys zum Weiterlesen von Blogbeiträgen oder ausführlicheren Erklärungen in einen Shop oder auf eine Homepage.

Sammle auf jeden Fall deine überzeugenden Argumente und überlege vor der Veröffentlichung den Mehrwert, den du transportieren möchtest. Damit deine Interessenten nicht die Aufmerksamkeit verlieren, sollte deine Markenkommunikation stets dein **Branding** transportieren. Schließlich erzeugst du eine höhere Aufmerksamkeit, wenn deine Leser oder Zuschauer erkennen können, was für sie rausspringt, wenn sie sich mit deiner Marke auseinandersetzen.

Das Ziel des **Storytellings** deines Contents ist es, dein Markenversprechen zu vermitteln. Wissensvermittlung über Videocontent funktioniert dabei anders als bei geschriebenem Text. Grundsätzlich bilden Textinhalte aber die Grundlage für den Verkauf deines Angebots. Mit einer unpassenden Formulierung und Wortwahl springen deine Interessenten ansonsten im letzten Moment ab, unabhängig von der Qualität deines Contents.

Suche dir für eine Artikelidee die Probleme der Zielgruppe heraus, die du damit ansprechen willst. Wenn du erklärst, was du als Grund für ein Problem erkannt hast und direkt einen systematischen Lösungsansatz liefern kannst, hast du die absolute Aufmerksamkeit. Deine Artikel können Belege für deine Theorie beinhalten und mithilfe von Studien erklären, warum deine Arbeit für diese Personen so wertvoll ist.

Eine Marke lebt davon, nahbar zu sein. Als Personenmarke hast du den großen Vorteil, deine Autorenbiografie thematisieren zu können.

Über deinen fachlichen Hintergrund, deine Ausbildung und deine Erfahrungen wird es dir leichtfallen, in lebhaften Geschichten deine Brand Mission und deine Motivation dahinter zu erklären. Außerdem kannst du zeigen, wie du dir deine Expertise angeeignet hast und wer oder was deine Quellen waren. Wenn es nicht deine Oma war, die dir das Kochen beigebracht hat, dann hast du bestimmt mal ein Coaching oder Mentoring gemacht, das den Ausschlag gegeben hat, eine Marke zu gründen. Im nächsten Schritt lässt sich dann auch einbauen, was deine Werte sind und auf welche Weise du diese in dein Angebot mit einfließen lässt. Lass dein Publikum teilhaben an deiner Entwicklung und sei nicht nur Experte, sondern gehe als gutes Beispiel voran. Eignet sich hervorragend bei Markenwerten wie Zuverlässigkeit, Nachhaltigkeit aber auch bei Themen wie Philosophie oder Persönlichkeitsentwicklung.

Welches Ziel du dir bei der Gründung deiner Brand vorgenommen hast, formt auch ganz nebenbei noch deine Positionierung. Zu erklären, von wo du kommst und wo du hinwillst, ist die kommunikative Aufgabe deiner Marke. Du schaffst eine ganz individuelle Erfahrbarkeit deiner Markengeschichte, die unterhaltsam ist und vor allem von deiner Zielgruppe mit Spannung verfolgt wird. Wahrscheinlich denkst du dabei in erster Linie an Social Media Content, bei dem du verschiedene Stationen deines Lebens mit Bildern und Videos belegen kannst. Wenn du strategisch deinen Content planen willst, erstellst du aber auch für diese Form von Inhalten vorher ein schriftliches Skript. Selbstverständlich hält dich aber nichts und niemand davon ab, mehrere Kanäle mit unterschiedlichen Formaten derselben Geschichte zu bespielen.

Stell dir immer die Frage, in welcher Form der Content deinem **Branding** entspricht. Sollen deine Inhalte Fragen aufbringen oder beantworten? Du hast die vollen Gestaltungsmöglichkeiten, wie du Konsumenten leiten möchtest. Solange du deine Absichten klar verbalisierst, wirst du auch die gewünschten Reaktionen darauf bekommen.

Vom Aufbau eines Blogs profitieren Unternehmensmarken, genauso wie Personenmarken, weil sie durch den Traffic höhere Sichtbarkeit und neue Leads bekommen. Wenn es dir um eine direkte Kaufabsicht geht, dann kannst du auch das ganz eindeutig zu verstehen geben. Nichts ist schlimmer als eine Marke, die drum herum eiert. Dass es trotzdem darum geht, Brand Awareness und organische Reichweite zu schaffen, wissen auch deine Leser.

Solltest du darauf hoffen, nach einem Blogeintrag zu Magnetsteinen mehr Verkäufe in deinem Shop zu haben, gehe ganz offen damit um. Diejenigen, die gerne so ein Produkt kaufen, werden da so oder so zuschlagen. Deine Markenkommunikation macht es aber möglich, diesen Umsatz zu skalieren. Sobald du die Benefits in deinem Blog erwähnst, hat das einen spürbaren Effekt bei deinen Sales. Je besser diese Vorzüge auf deine Zielgruppe ausgerichtet sind, desto höher ist dein Absatz an Produkten.

2.5 Von Produkt zum Angebot

Der Begriff Marke kommt von „Markierung". Denn die Marke markiert den Unterschied zum Wettbewerb. Diese Differenzierung liegt in der Einzigartigkeit des Produkts oder der Dienstleistung. Oftmals ist eine wirkliche Unterscheidung aber schwer, weil man selten der oder die Einzige am Markt ist. In diesen Fällen kann deine Markenstory die Besonderheit deines Angebots zum Ausdruck zu bringen.

Diese Story kann die Entstehungsgeschichte der Marke beziehungsweise des Unternehmens (der Gründungsmythos) oder die Zielausrichtung sein. Natürlich kannst du auch andere Geschichten erzählen, solange diese für deine Kunde relevant ist. Eine besondere Preisstrategie könnte zum Beispiel auch eine gute Geschichte sein, wenn sie sich entlang deiner Markenwerten entwickelt. Eine strategische Markenerzählung beantwortet grundsätzlich Fragen wie:

Was ist dein Produkt?

Woraus besteht dein Produkt?

Wen adressiert dein Produkt?

Wo sich bei Unternehmen die Antworten darauf im Produkttext wiederfinden, kreiert deine Personenmarke einen Rahmen drum herum. Markenkommunikation ist ein Faktor zur Skalierung deiner Produktverkäufe und verwandelt dein Produkt in ein Angebot. Du verkaufst keine Schuhe, du verkaufst einen Mehrwert. Deine Marke lädt deine Produkte mit Attributen auf, die von sich von deiner Markenidentität auf die Identität der Produkte überträgt.

Diese strategischen Inhalte werden durch Storytelling an deine Zielgruppe kommuniziert. Durch spannende Geschichten entwickeln sich Assoziationen bei deinem Publikum. Attraktives Storytelling verbreitet dein Angebot wie ein Lauffeuer. Es geht nicht mehr um den Verkauf eines einzelnen Gegenstands, sondern um die Welt, in der dieses Produkt stattfindet.

Storytelling

Würdest du eher einen Lenkdrachen kaufen oder einen Bezwinger der Lüfte? Erwecke deinen Content zu leben. Ich meine nicht so wie bei Jurassic Park. Ich spreche von Erfahrbarkeit. Lass die Leute dein **Branding** fühlen! Wie fühlen sie sich bevor, während und nachdem sie es genutzt haben? Eine packende Geschichte enthält Sinneseindrücke. Du schreibst die Geschichte und solltest diese in Alltagssituationen verpacken.

Die Markengeschichte, die du erzählen willst, entspringt aus deinem Angebot. Du kannst unendliche Anekdoten erzählen zu Produkten, solange du damit einprägsame Sinneseindrücke hinterlässt. Auf diese Art hauchst du deinen Produkten Leben ein.

Deine fortlaufende Story folgt deinem Angebot. Wie, wo und wann sie spielt, ist dir überlassen.

Ein Produkt weckt das Interesse und dein Angebot übernimmt den Verkauf. Natürlich gibt es für jedes Produkt oder Dienstleistung relevante Parameter, die du für deine Kunden angibst. Der entscheidende Faktor, der zum Kauf bewegt, liegt aber in der Erfüllung des Bedürfnisses. Das ist sogar bei banalem Marketing der Fall, wenn Käufer zwei Produkte zu einem Preis erwerben können. Die Zielgruppe Sparfuchs liebt diesen Trick.

Mit Storytelling öffnest du aber die Box der ungeahnten Möglichkeiten. Figuren, die Charakteristika deines Publikums enthalten, lösen ihre Probleme durch eine Leistung, die du anbietest. Wer hätte da nicht Lust, das auszuprobieren? Oder Personen, die gar nicht wissen, was sie verpassen, probieren dein Angebot aus. Positive Anziehung funktioniert immer. Oder dein Angebot enthält ungeahntes Potenzial, das durch einen Produkttext nicht vermittelt werden kann. Oder Oder Oder.

Für die Transformation von einem eigenständigen Gegenstand zur umfangreichen Antwort auf eine persönliche Herausforderung fehlt dir also nur der richtige Kontext. Die entwickelte Erzählung muss nicht immer lang sein. Im Grunde genommen lässt sich die Kernaussage auf eine simple Logik herunterbrechen. Für die Lösung von Problem XY habe ich Angebot XY. Das sind die Säulen deiner Geschichte.

Was du dir ausdenkst, ist dabei nicht beliebig und kann auch von einem Markenbotschafter selbst durchlebt werden. Bei einer Personenmarke kannst du sogar eigene Geschichten erzählen, die sich um dein **Branding** drehen. Denselben Vorgang kannst du auch für Employer Branding anwenden. Lebe vor und schaffe Identifikationspunkte, damit deine Zielgruppe etwas bei dir kauft oder sich in deinem Unternehmen um einen Job bewirbt!

Aufgabe 2:
Positioniere dich mit deinem Branding!

Markenkommunikation ist Kreation von zielgruppengerechtem Content. Du orientierst dich daran, was jemand haben möchte, anstatt blind verkaufen zu wollen. Zum Glück hast du dein Branding als kommunikativen Wegweiser und dein Markenversprechen, das Interessenten anzieht.

Jetzt geht es darum, mit einer Arschbombe in den Swimming Pool zu springen. Weil du willst ja Welle machen. Versteck dich nicht hinter Verkaufstexten und warte in deinem Online-Shop, bis jemand zufällig vorbei kommt. Bevor du Staub ansetzt, nimmst du metaphorisch das Heft des Verkaufens in die Hand und schlägst diese Seite auf.

„Für **die Beseitigung von Rückenschmerzen nach langem Sitzen** habe ich **folgende Übung, die sofort hilft**."

Für >>Brand-Thema 1<< habe ich >>Angebot 1<<:
Für ____________________ habe ich ____________________.

Für >>Brand-Thema 2<< nutze ich >>Angebot 2<<:
Für ____________________ nutze ich ____________________.

Für >>Brand-Thema 3<< biete ich >>Angebot 3<<:
Für ____________________ biete ich ____________________.

Für >>Brand-Thema 4<< liefere ich >>Angebot 4<<:
Für ____________________ liefere ich ____________________.

Für >>Brand-Thema 5<< veranstalte ich >>Angebot 5<<:
Für ____________________ veranstalte ich ____________________.

Ich habe dir extra ein wenig Platz gelassen, damit du dich frei entfalten kannst. Eine Marke ist entweder spitz positioniert auf eine Nische oder kann sich mehreren Themen gleichzeitig widmen. Nutze die Lücken in den Beispielen zum Erarbeiten einer Positionierung. Deine Marke hat den Konsumenten am Ende des ersten Kapitels etwas versprochen. Formuliere auf vielzählige Art, welche konkreten Maßnahmen du dafür ergreifst.

Du kannst aufzählen, welche Antworten du auf unterschiedliche Problemstellungen hast oder du verfeinerst ein Thema von oben nach unten in mehreren Versuchen. Die oberen 5 Sätze eignen sich in erster Linie für den Verkauf von einem einzelnen Produkt oder einer Mehrzahl davon in Paketform. Falls du Dienstleistungen positionieren möchtest, kannst du aber auch gerne die 5 untenstehenden Beispiele ausfüllen, um...

„Um **finanzielle Unabhängigkeit** zu erreichen, habe ich **kurze Lehrvideos aufgenommen**."

Um >>Brand-Thema 1<< zu erreichen, habe ich >>Angebot 1<<:
Um ________________ habe ich ____________________.

Um >>Brand-Thema 2<< zu erzielen, nutze ich >>Angebot 2<<:
Um ________________ nutze ich ____________________.

Um >>Brand-Thema 3<< zu erleichtern, biete ich >>Angebot 3<<:
Um ________________ biete ich ____________________.

Um >>Brand Thema-4<< zu bekommen, liefere ich >>Angebot 4<<:
Um ________________ liefere ich ____________________.

Um >>Brand Thema-5<< zu verbreiten, veranstalte ich >>Angebot 5<<:
Um ________________ veranstalte ich ____________________.

In dieser Aufgabe definierst du deine Expertise und wendest sie auf eine Nische an. Die Auflösung der Schmerzpunkte in Spalte 1 sind das Ergebnis deines Angebots in der Spalte 2. Auf diese Weise kannst du deine Produkte und Dienstleistungen genau anpassen und griffig formulieren. Du kannst natürlich auch Formulierungen anpassen und untereinander mischen, wenn es für dich besser passt.

Benutze die Positionierungen im Anschluss in deiner Markenkommunikation und verwende sie z.B. als Content Idee. Zur Überprüfung, ob das Angebot zu deiner Marke passt, kannst du dein **Branding** dagegenstellen. Ist der ausformulierte Satz als Antwort darauf zu gebrauchen, hast du eine zielgruppengerechte Adressierung gefunden.

LEKTION 3

Markenauftritt

Die richtige Strategie bildet den Kompass und ebnet deiner Brand den Weg. Doch wie trittst du auf, um aus der Masse herauszustechen? Ein gutes Branding entsteht dort, wo die eindrucksvollsten Geschichten erzählt werden: Am Lagerfeuer. Deine Marke ist erfolgreich, wenn die Markenerfahrung einer Übernachtung unter freiem Sternenhimmel gleicht. Oder du wählst den Ansatz von automatisiertem und skaliertem Erfolg. Beides schließt sich jedoch auch nicht aus. Nimm deine Interessenten an die Hand und erzähle deine persönliche Geschichte. Durch hohe Kundenbindung und Interaktivität wachsen sowohl junge als auch bestehende Marken in kurzer Zeit enorm schnell. Das **Storytelling** deines Markenauftritts dient als wichtiges Argument beim Verkaufen und beim Customer Realion Management (CRM).

Zusätzlich soll dein Auftreten eine bestimmte Stimmung erzeugen. Alle Elemente der Markenstrategie kommen dabei zum Einsatz. Einheitlichkeit deiner Inhalte ist nicht gewünscht, aber eine Einheitlichkeit der Präsentation schon. Baue Erlebniswelten, in die deine Interessenten eintauchen können. Erzähle spannende Geschichten in Bildern oder Worten auf unzählige Arten und Weisen. Interviews, Produktreels und Plakate können eine Möglichkeit sein von deiner Markenstimme Gebrauch zu machen.

Zeitlich gesehen befinden wir uns mit dem **Branding** in dieser Lektion in der Praxisphase. Markenstrategie und Markenauftritt finden im gleichen Zeitraum statt. Deine Strategie ändert sich ab und zu und passt sich aktuellen Gegebenheiten an. Der daraus hervorgegangene Markenauftritt ist die kommunikative Verbindung in die Außenwelt und schlussendlich zu deiner Zielgruppe. Solange du kommunizierst, existiert deine Brand.

Zentrum deiner kommunikativen Prozesse sind alle aktiv genutzten Plattformen, auf denen du Content zur Verfügung stellst. Das passiert an jedem Ort, an dem die Möglichkeit zur Interaktion mit deiner Marke besteht. Neben einem direkten Kontakt zu dir sind das deine Homepage, deine Profile in sozialen Netzwerken, dein Newsletter, weitere Plattformen und Kanäle von Kooperations-Partnern.

Wenn Besucher die Texte in deinem Online-Shop oder auf deinem Blog lesen, machen sie eine direkte Markenerfahrung. Mit der geeigneten Strategie sind deine statischen Inhalte ideal auf dein **Branding** ausgerichtet und erzeugen beim Kunden einen positiven Sinneseindruck. Ob dein Call To Action (CTA) funktioniert, erkennst du bei der Auswertung deiner bestehenden Inhalte. Dein Auftritt ist abhängig von Performance und Optimierung. Du solltest deinen Content ständig im Blick behalten und auswerten, was gut funktioniert und was man verbessern kann.

Um eine kohärente Markenerfahrung liefern zu können, musst du präsent bleiben. Ein **Branding** auf ein Thema, mit dem du dich nicht mehr beschäftigt, verspielt das Vertrauen deines Publikums. Vor allem Personenmarken erstellen Inhalte täglich neu, um das Markenerlebnis zu verfeinern. Social Selling setzt eine Mischung aus Relevanz und Authentizität des Contents voraus, was nur durch aktuelle Meinungen und Kommentare erzeugt werden kann.

Das ist eine Menge Arbeit, die du aber aufteilen solltest. Content Produktion entlang eines Reaktionsplans ermöglicht dir, Themen in verschiedenen Formaten aufzubereiten und Inhalte Wochen vorher zu erstellen. Über deine statischen Texte und Bilder hinaus kommen Interessenten über Video-Content in den Kontakt mit dir, der auch statisch sein kann, aber dir viel mehr Bearbeitungsmöglichkeiten bietet.

Dabei ist es essenziell, dass deine Marke einen einheitlichen Markenauftritt besitzt. Auch bei unbekannten Formaten sollte dein Publikum deine Stimme, deine Ansprache und dein Design wieder erkennen können. Dein **Storytelling** formt dein lebendiges und erfahrbares **Branding**. Orientiere dich am Feedback, das du bekommst. Jede

Kampagne hat dabei Parameter, die sich messen lassen, wenn sie gut gewählt sind.

Überzeugendes Storytelling für ein Produkt und eine kreative Customer Journey sind immaterielle Werte, die sich nicht automatisch auch an den Verkaufszahlen ablesen lassen. Auch deine Bekanntheit lässt sich strategisch nutzen, weil Kooperationen dein **Branding** auf neue Produkte und/oder Marken ausweiten und du neue Zielgruppen erreichen kannst.

Je exakter dein **Branding** auf ein Thema ist, desto näher bist du an deinen Kunden. Markenliebe ist ein Key Performance Indicator (KPI), den du durch Markenkommunikation aufbaust und der dir langfristig Erfolg einbringt.

3.1 Markenstorytelling

Geschichten müssen erzählt werden, damit man ein Gefühl dazu entwickeln kann. Mach dir bewusst, dass du der Erzähler deiner Marke bist. Was du zu sagen hast, sollte begeistern und dein Publikum mitreißen. Auf diese Weise entsteht eine tiefe Kundenbindung, was dein oberstes Ziel bei der Veröffentlichung von jeder Art von Content ist. Storytelling ist somit der Vorgang bei dem du dein **Branding** nach außen trägst.

Eine Markengeschichte hat einen Spannungsbogen, der dramaturgisch aufgebaut wird. Wie bei einem Theaterstück handelt es sich dabei um den Weg von der von dir bestimmten Ausgangssituation mit einer Steigerung bis zum Höhepunkt. Nachdem du diesen erreicht hast, folgt eine Belohnung und es endet mit der Etablierung einer neuen Erkenntnis, wodurch sich die ursprüngliche Anfangssituation verbessert oder aufgelöst hat.

Storytelling ist eine Methode, um deine Zielgruppe an deine Marke und dein Produkt heranzuführen. Dein **Branding** legt fest, welche Themen du ansprechen willst und wpfür du stehst. Damit daraus aber nicht nur einzelne Inhalte entstehen, hilft dir das **Storytelling** einen Verkaufsprozess aufzusetzen. Die Geschichte, die du entwickelst, legt die Beziehung fest, in der deine Kunden zu deiner Marke stehen. Inhalte, die du veröffentlichst, verfolgen demnach immer die gleiche Struktur und vermitteln deinem Publikum somit auch immer dein einzigartiges **Branding**.

Wie du weißt, dreht sich eine Geschichte um einen Protagonisten und verfolgt einen bestimmten Plot. Den Ablauf des Szenarios und das Lösen des darin vorherrschenden Problems kann man als Heldenreise beschreiben. Die Hauptperson bekommt ein Problem gestellt und durchläuft verschiedene Stationen bis sie zu einer Lösung gekommen ist.

Hierbei ist es aus deiner Sicht erst einmal wichtig, dass du dich entscheidest, um wen sich deine Erzählung drehen soll. Du kannst entweder eine fiktive Person aus deiner Zielgruppe in den Mittelpunkt stellen oder deine Marke.

Überlege dir, welche Rollenverteilung für dich mehr Sinn ergibt bei der Kommunikation deines **Brandings** und deines Angebots. Möchtest du deinen Kunden zeigen, wie man an ein Ziel gelangt, weil du das in deinem Coaching auch so anbietest? Oder möchtest du an deiner eigenen Markenpersona zeigen, wie das Tragen der Klamotten aus deinem Onlineshop zu mehr Selbstbewusstsein führt?

Wenn du deinen Markenauftritt entwickelst, kannst du für die Umsetzung verschiedene Plots benutzen. Mit dem passenden **Storytelling** fühlt sich deine Zielgruppe direkt angesprochen. Der Phantasie sind hierbei keine Grenzen gesetzt: Egal, ob es darum geht übermächtige Monster zu besiegen, vom Tellerwäscher zum MIllionär zu werden, auf die Suche nach dem heiligen Gral zu gehen oder seinen Protagonisten Flügel zu verleihen. Letztlich geht es darum, dass du es auf deine eigene Art und Weise erzählst und die Bedürfnisse deiner zukünftigen Kunden verstehen lernst.

Jede dieser Stories benötigt auch einen Mentor, der die Hauptperson unterstützt ans Ziel zu gelangen. Wenn du als Yogalehrer eine Personal Brand darstellst, kannst du den Zuschauer die Position des Helden einnehmen lassen, den du mit deinem Wissen anleitest schwierige Übungen zu absolvieren.

Wie du merkst, ergibt sich dein **Storytelling** in jedem Fall schon aus deinem Markenaufbau und deiner Markenstrategie. Die Herangehensweise ist bei Personenmarken, wie Unternehmensmarken im Kern die gleiche. Wir versuchen unsere Zielgruppe dort abzuholen, wo sie steht und zwar so, wie es zu unserer Markenkommunikation passt. Falls du Texte schreibst, nimm dabei entweder die Perspektive des Protagonisten oder des Mentoren ein. Wenn du

Videos aufnimmst, stell dich selbst als Held dar oder lass sich deine Zuschauer als Helden der Geschichte fühlen.

Wenn dein **Branding** eindeutig ist, dann liegt es an deinem **Storytellings** dies in den richtigen Rahmen zu setzen. Denke daran, du willst mit deinem Content ein bestimmtes Ziel erreichen. Du kannst dir Conversions zum Ziel setzen, die durch den Kontakt mit deinen Inhalten dein Online-Programm kaufen oder du sammelst einfach nur Abonnenten und Zuschauer für deine Social-Media-Kanäle. Die Hauptsache ist, dass du weißt, was dein gewünschtes Ergebnis sein soll und deinen Markenauftritt darauf ausrichtest.

3.2 Social Media Präsenz

Die Präsenz auf sozialen Plattformen ist unbedingt notwendig, um dein **Branding** mit einem persönlichen **Storytelling** aufzubauen. Du kannst eine Werbeplattform für dich kreieren, die dich bekannt macht und Leads einspielt. Dafür musst du deinen Output systematisieren. Um regelmäßig innovativen Content liefern zu können und möglichst viele Menschen anzusprechen, solltest du deine Themen in Kategorien aufteilen.

Wenn es auf deinem Account um Fitness geht, teile deinen Content ein in Sparten für Anfänger und Profis. Überlege dir 3 Säulen für deinen Content, durch die dein **Branding** vermitteln möchtest. Erstelle unterhaltenden und fesselnden Content mit Mehrwert, den deine Interessenten direkt anwenden oder ausprobieren können. Wenn dein Sportprogramm zum Aufbau von Muskeln geeignet ist, hast du als erste Contentsäule deine verschiedenen Workouts, die du wöchentlich vorstellen kannst.

Kein Mensch leidet gerne, aber um sportliche Ziele zu erreichen, muss man Hürden überwinden. Deine Zielgruppe hat bei der Umsetzung Probleme, mit denen du dich selbst auskennst. Bei Berichten über deine eigenen Herausforderungen und das Präsentieren von eigenen Lösungsansätzen baust du eine Bindung auf. Zuschauer können sich mit dir identifizieren und erkennen in deiner Offenheit, dass du mit Herzblut dabei bist. Eine weitere Säule für dein **Storytelling** bildet der ehrliche und kritische Austausch mit deiner Community, um mit Meinungen und Lösungen zu Kraftsport präsent zu sein. Damit wirst du abgespeichert als Ansprechpartner für dein gewähltes Thema.

Dein Expertenwissen kannst du auch unter Beweis stellen, wenn du schwierige Sachverhalte in deinen Worten erklärst. Zuschauer sind nicht nur an dem, , was du sagst interessiert, sondern auch, wie du es sagst. Menschen folgen deinem Content, weil sie deinen

Charakter mögen. Deine Art von Content und deine Präsentation vermittelt dem Zuschauer ein positives Gefühl zu deiner Marke. Das bedeutet, du triffst bei deiner Zielgruppe auf offene Ohren mit den Erklärungen zu relevanten Aspekten deines Angebots. Als Fitness Coach kannst du erklären, warum kurze Intervall-Sessions sinnvoll sind und unter deinem Content einen Link zur Anmeldung einer Session bei dir beifügen.

Du kannst deinem Publikum auch verschiedene Formate auf anderen Medien anbieten wie z.B. deinem eigenen Blog. Dort kannst du auch anwendbare Tipps geben, berühmte Beispiele liefern oder die häufigsten Fehler und Probleme ansprechen. Im Wesentlichen lässt sich dein Markenauftritt auf Social Media in 4 verschiedenen Formate einteilen: Reels, Karussells, Stories und Beiträge. Diese Aufteilung macht es möglich, Content zu teilen, der unterhält, Neugierde erzeugt, Verlinkungen zulässt und informativ ist.

Aufgrund dieser Funktionen empfehle ich dir, gerade als Personenmarke, Instagram als soziale Plattform zu nutzen. Du findest auch in anderen sozialen Medien die Möglichkeit zur persönlichen und individuellen Darstellung, aber die Mischung aus Freizeit, Spaß und Information mit gleichzeitiger Werbefunktion hat dort ihre Heimat.

Hauptsache du bleibst auf einer einzigen Siegerstraße. Mehrgleisig fahren, macht nur unnötige Kopfschmerzen. Jedes Portal hat seine eigenen Regeln und Logiken. Da kann dir zwar dein **Branding** helfen, aber du solltest deinen Content nicht umwandeln müssen. Das heißt, es ist schon möglich, Reels auf Instagram und Videos auf Youtube zu produzieren, wenn es die gleichen Arbeitsschritte sind.

Für jedes Angebot empfiehlt sich eine bestimmte Präsentationsform. Posts mit Zitaten klingen nach Bildinhalten und Sportübungen eher nach Lehrvideos. Du kannst deinem Publikum Produkte präsentieren oder Dienstleistungen erklären oder sogar anbieten.

Wichtig sind die angesprochenen Sinneseindrücke. Du willst eine Emotion auslösen, die aus einem Gefühl und einer körperlichen Reaktion besteht. Das Emotionsmanagement deiner Marke findet sich in der Kommunikation und somit auch in deinem Markenauftritt wieder.

Das ist der Grund, weshalb persönlich präsentierter Content verkaufstechnisch erfolgreicher ist als generische Inhalte oder Slides. Ganz egal, was irgendjemand dir mal gesagt hat: Ein **Branding** muss so erfahrbar sein, dass man es fühlen und weitererzählen kann!

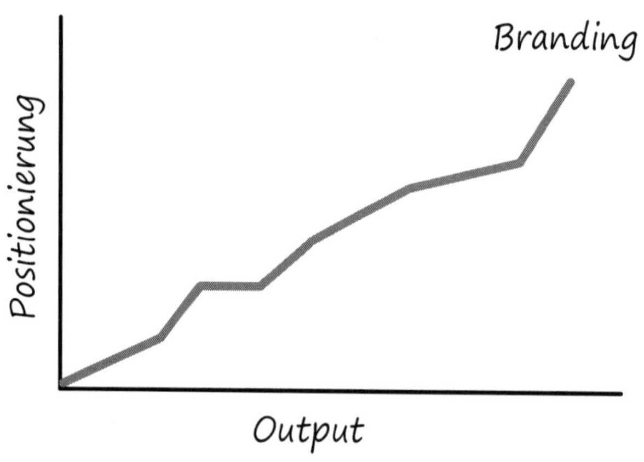

Customer Journey & Social Selling

Das Leben ist ein Abenteuer. Zwangsläufig wird man mit jedem Tag älter, man lernt neue Dinge und entwickelt sich weiter. Das gilt auch für zwischenmenschliche Beziehungen. Aus Fremden werden Bekannte und aus Arbeitskollegen werden Freunde. Diese Verbindungen entstehen durch Vertrauen und ähnliche Interessen.

Im Grunde lässt sich dieses Prinzip auch auf deine Marke übertragen. Menschen interessieren sich für dein Produkt oder deine Dienstleistung und beschäftigen sich daraufhin intensiver mit deiner Brand. Im Umkehrschluss macht es daher Sinn für dich, kommunikative Anschlusspunkte zu knüpfen, um Interessenten an deiner Markengeschichte und Entwicklung teilhaben zu lassen. Wer sich mit einbezogen fühlt, der kann auch leichter ein Vertrauensverhältnis zu dir und deinen Inhalten aufbauen.

Dieser Weg lässt sich in einer Customer Journey systematisieren. Was passiert, nachdem man auf deinem Onlineshop landet und was ist der nächste Schritt nach dem Lesen deiner Blogbeiträge? Versuche dich immer in deine Zielgruppe hineinzuversetzen. Wenn du weißt, was diese Personen erreichen wollen und wie sie dorthin kommen wollen, kannst du darauf eingehen. Um unbekannte Leads zu aktiven Followern werden zu lassen, entwirfst du eine logische Abfolge an Schritten, die diese durchlaufen.

Dein Markenauftritt besteht aus deiner Strategie, der Verkörperung deiner Markenidentität und deinen vertreten Werten. Mit einem auf deine Zielgruppe ausgerichteten **Storytelling** baust du das Vertrauen auf, wodurch die spätere Kaufentscheidung beeinflusst wird. Dein Publikum traut dir zu, Probleme umfassend zu lösen, wenn du zeigst, dass du dich regelmäßig mit neuen Entwicklungen in Bezug auf deine Brand Themen auseinandersetzt.

Erklärst du sinnvoll und nachvollziehbar, wie dein Onlinekurs in der aktuellen Situation weiterhelfen kann, solltest du den Weg bis zur Buchung nicht umständlich, sondern geradlinig gestalten. Leite mit einem Link unter deinen Postings direkt auf deine Homepage, wo gebucht werden kann. Niemand will lange suchen oder sich erst einen Mitglieder-Account erstellen müssen, wenn das nicht nötig ist.

Auf der anderen Seite ist es wahrscheinlich nötig, dass du erst einmal erklärst, was in dem Leistungsumfang alles enthalten ist, bevor jemand ein teures Coaching bucht. Eine kompakte Customer Journey beantwortet häufige Fragen und verzichtet auf umständliche Hürden bei der Zahlung. Natürlich spielen Faktoren wie Zahlungsbedingungen in diesem Zusammenhang auch eine wichtige Rolle. Man braucht nicht für jedes zum kleinen Preis heruntergeladene Worksheet auch eine doppelte Kaufbestätigung. Aber für die Buchung eines Yoga-Workshops über mehrere Tage würde es Vertrauen verspielen, falls man keine Buchungsbestätigung erhält.

Hier spielt der Faktor Vertrauen eine immens große Rolle. Social Selling ist eine Form des Verkaufens, bei dem die Charaktereigenschaften einer Personal Brand ausschlaggebend sind, um Leads zu konvertieren. Konvertierung meint, dass sich das Verhältnis zu deiner Marke ändert. Das ist mit dem Vorgang vergleichbar, wenn aus einem Unbekannten ein enger Freund wird. Dabei sind allerhand der berüchtigten soft skills gefragt, um die Herzen deines Publikums zu gewinnen. Leidenschaft für dein Thema signalisiert nicht nur, dass du dich auskennst, sondern zeigt auch deine Einstellung zu Themen, die dir generell wichtig sind.

Beim Social Selling kaufen Kunden von Marken, weil sie deren Kompetenz wahrnehmen und schätzen. Deshalb sollte deine Aufbereitung keineswegs Dienst nach Vorschrift sein. Aufbereitete Themen und vorgefertigte Templates können manchmal dazu führen, dass die Kreativität und Originalität verloren geht. Es ist ein schmaler Grat zwischen Wiedererkennungseffekt und stupidem Copy and Paste Verfahren.

Dein Markenauftritt ist das, was dein Publikum zu sehen bekommt. Halte dir in deinem Redaktionsplan bei der Planung daher immer ein paar Plätze frei, um authentischen Content zu teilen. Seine eigenen Fehler oder die Schattenseiten deines Markendaseins zu teilen, kann Verständnis erzeugen und macht dich menschlich. Bleibe kongruent in der Form der Darstellung, aber schaffe Formate, bei denen du zwischendurch auch aus dem Bauch heraus reagieren kannst. Vertrauen ist ein Schlüsselfaktor, der aus Sicht deiner Kunden deinen gesamten Content auf- und auch abwerten kann.

3.3 Markenstimme entwickeln

Wusstest du, dass deine Stimme einen Wiedererkennungswert hat? Wer dich einmal reden gehört hat, der kann deine Stimme wieder erkennen. Genauso verhält es sich mit der Brand Voice, deiner Markenstimme. Du nutzt sie jedes Mal, wenn du in deiner Kommunikation etwas ausdrücken möchtest. Einheitliche Formulierungen und sich wiederholende Redewendungen sorgen dafür, dass deine Kunden dich hören können. Schlüsselworte, Themen und eine personalisierte Ansprache erzeugen Nähe zwischen dir und deinen Lesern. Woher kommt der Wiedererkennungseffekt?

Professionelle Texte verschaffen dir ein großes Publikum und adressieren eine bestimmte Zielgruppe.

Deine Kunden müssen dich im Ohr haben, während sie lesen. Deine Brand Voice besteht aus Keywords, Insidern & sprachlichen Besonderheiten.

Deine Markenstimme spiegelt die Stärke deines **Brandings** wider. Wenn klar ersichtlich ist, für welches Thema du eintrittst, erreichst du potenziell alle Menschen, die sich damit auseinandersetzen. Die Markenstimme ist ein abstrakter Wert, den man nicht messen und auch nicht in Worte fassen kann. Ähnlich wie die Luft ist sie immer da, aber sie wird nur wahrgenommen, wenn es stürmt oder windstill ist. Gesprochen oder geschrieben – die persönliche Note ist entscheidend. Triffst du den Ton deiner Kunden, hast du eine Connection.

Deine Markenstimme geht über das Gesagte hinaus. Da geht es nicht nur um ein „Yo yo yo" oder „Hallo, meine Lieben" in der Ansprache. Die Art, wie du Inhalte darstellst, färbt dein Markenerlebnis emotional ein.

Emotions-Management

Hast du dir schon einmal überlegt, woher das Wort Emotion kommt? Emotion bedeutet E-MOTION. Auf deutsch: Energie in Bewegung. Im Marketing verwendest du Texte, die deine Leser catchen und dadurch von Interessenten zu Kunden konvertieren sollen. Conversions können dabei unterschiedliche Ziele verfolgen. Sie können auf die Anmeldung für einen Newsletter, den Kauf eines Produkts oder einen Follow auf Sozialen Plattformen abzielen.

Natürlich ist ein gutes Angebot mit Mehrwert ein Verkaufsargument an sich. Trotzdem wird in der Werbung an allen Ecken und Enden mit Emotionen gespielt. Je intensiver die Emotion, desto eher erzielt dein Text eine Conversion.

Gefühle wie Freude, Liebe, Überraschung sind Gefühle. Diese Gefühle FÜHLST du. Eine Emotion hingegen setzt sich zusammen aus einem inneren Gefühl und der körperlichen Reaktion darauf. Das sind zum einen kognitive Prozesse wie Erinnerungen, aber auch körperliche Reaktion in Form von Schwitzen, Lachen oder Weinen.

Überleg mal, wann du dich das letzte Mal hast emotionalisieren lassen. Als du die Werbung mit dem Opa gesehen hast, der an Weihnachten alleine geblieben ist und dir daraufhin die Tränen gekommen sind. Das, was da in dir vorgegangen ist, war eine Emotionalisierung. Inhalte auf Social Media funktionieren genau auf diese Weise.

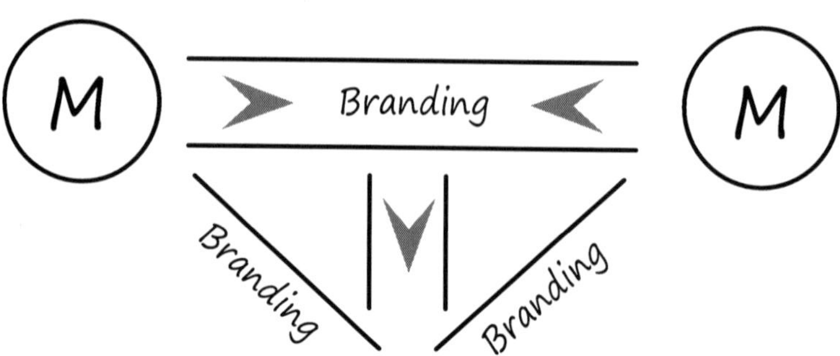

Als Copywriter schreibe ich diese Form von Texten, die Leads für dich generieren und deine Leser zu Kunden konvertieren sollen. Das können Beiträge für LinkedIn sein oder auch Content für deine Website. Je nach Anforderung und Absicht erstelle ich Inhalte, die deine Besucher noch lange an deine Beiträge denken lassen. Abgesehen von der Erinnerung verbringen sie dadurch längere Zeit mit deinen Inhalten und werden auch damit interagieren.

Texte können aber auch mit Keywords versehen werden und dafür sorgen, dass du auf Google leichter und öfter gefunden wirst! Mehr Treffer führen zu höheren Umsätzen. Anspruchsvoller wird es, wenn es um Landing- / Salespages geht. Um dein Produkt oder deine Dienstleistung zu präsentieren, gilt es neben aussagekräftigen Headlines auch, auf die Anordnung zu achten.

Als Angestellter habe ich für die Umsetzung von Homepages und eben solchen Verkaufsseiten immer mit einem Team aus Designern zusammengearbeitet. Suche dir deswegen Freelancer und Dienstleister, mit denen du zusammenarbeiten kannst. Auch in meiner Tätigkeit vergebe ich weiterhin Aufträge an Grafiker*innen, die sich um die Erstellung meines Bildmaterials kümmern. Du bist eine Personenmarke, aber du musst nicht jeden Arbeitsschritt selbst erledigen. Hauptsache die Planung, Konzeption und Kommunikation liegen in deinem Verantwortungsbereich.

3.4 Partnerschaften / Kooperationen

Kooperationen sind gang und gäbe. Aber in welcher Form kommt Co-Branding in der Realität zum Einsatz? Co-Branding ist eine langfristige Strategie zur Markenkombination, mit der man die gemeinsame Realisierung markenpolitischer Ziele umsetzt. Daran sind mindestens zwei eigenständige Marken beteiligt, die entweder ein Produkt oder eine Dienstleistung gemeinsam mit Attributen aufladen. Diese Kooperation kann sowohl zwischen zwei Marken auf Augenhöhe durchgeführt werden als auch zwischen einer schon länger bestehenden und einer jungen Marke.

Wie das Branding von zwei Marken als Strategie genutzt wird, ist in der folgenden Abbildung deshalb als horizontales und vertikales Co-Branding abgebildet. Kooperationen sind Alltag in Sozialen Medien, wenn der Account einer Marke mit großer Reichweite einem kleineren Account das Erreichen eines größeren Publikums ermöglicht. Für ein Übertragen von Markenwerten alleine reicht das jedoch noch nicht.

Natürlich spielen dabei die Vergrößerungen von Reichweiten eine wichtige Rolle, aber meistens passiert das aus einer Art Freundschaft heraus. Abonnenten wollen auch nicht plötzlich fremden Content in der Timeline haben, der sich von der bisherigen Positionierung unterscheidet. Deshalb solltest du diese Form des **Brandings** sowieso organisch passieren lassen. Wenn es deinen eigenen Marken-Horizont erweitert und du etwas Neues in deiner beruflichen Sparte lernst, dann ist es ein guter Indikator dafür, dass es auch für deine Zielgruppe relevant sein könnte.

Co-Branding

Co-**Branding** ist selbst in der wissenschaftlichen Diskussion ein noch relativ junger Begriff, für den immer noch eine große Bandbreite unterschiedlicher Definitionen existiert. Je nachdem, wen man fragt, wird dabei erstmal nach den unterschiedlichen Branchen gefragt, in denen die Marken tätig sind. Ein Gesundheitscoach kann z.B. mit einem Hersteller von Lebensmitteln kooperieren, wenn sie dabei ein gemeinsames Produkt branden. Co-Branding ist es auch, wenn H&M Cro erlaubt, eine Produktlinie unter seinem Namen zu designen.

Heutzutage gibt es außerdem eine Vielzahl an Möglichkeiten, wie Brands über Affiliate Marketing Programme zusammenarbeiten können. Allerdings werden dabei keine Markenwerte von Brand auf Brand übertragen, sondern in den meisten Fällen nur der Verkauf auf eine größere Zielgruppe ausgeweitet.

Co-**Branding** setzt die sichtbare Eigenständigkeit zweier bestehender Marken voraus. Wenn sich Adidas entscheidet, mit einem Musiker zusammen ein Produkt zu entwerfen, überträgt sich dabei die Kreativität des Künstlers auf den Schuh. Das sieht man z.B. bei den Yeezys. Wenn sich H&M statt Cro einen unbekannten selbstständigen Designer sucht, ist das auch der Fall. Für den Fall, dass eine der beiden Marken jemanden beauftragt, der gerade seinen Abschluss gemacht hat und noch keine Arbeitserfahrung besitzt, nennt sich das Anstellungsverhältnis. Do you see the difference?

Das ist auch der Grund, warum Co-**Branding** nicht für Brands funktioniert, die demselben Eigentümer gehören oder Tochterfirmen derselben sind. Um ein Co-**Branding** umzusetzen, müssen potentiell zwei oder mehrere Marken vorhanden sind, die diese Voraussetzungen erfüllen. Sofern sich dann zwei Marken zusammengefunden haben, bedeutet eine gemeinsame Markenpolitik, dass beide voneinander unabhängigen Partner dadurch einen Vorteil haben, im Gegensatz dazu, wenn sie das Projekt selbstständig durchführen. Beide Parteien müssen den eigenen Willen haben, diese Kooperation einzugehen oder zu lösen, zu jedem Zeitpunkt der Durchführung.

Wichtig für die beteiligten Marken ist dabei, dass sowohl vor, während und nach dem **Branding** die eigene Marke als selbstständig erhalten bleibt. Bei Co-**Branding** kann eine Markenprägung von einer fremden Marke auf eine bestehende übertragen werden oder zwei Marken prägen ein neu geschaffenes Produkt oder eine Dienstleistung. Die Marke steht im Mittelpunkt und ausgehend von ihrem eigenen **Branding** richtet sie ihre Markenpolitik auf die Co-Brand aus. Das heißt, du beeinflusst und steuerst die operativen Entscheidungen einer Marke, die nicht deine ist, bezogen auf das Produkt. Außerdem richtest du deinen Fokus darauf aus und übernimmst Verantwortung für die Umsetzung und dessen Erfolg.

Als Grundlage für die Kooperation werden vier Merkmale vorausgesetzt:

1) Mehrzahl von Einheiten
2) Zielorientierung der Zusammenarbeit
3) Freiwilligkeit
4) Selbstständigkeit der Einheiten

Bei der Umsetzung gibt es verschiedene Ansätze. Ein objektbezogener Ansatz richtet sich am Markenartikel aus, der gewisse Merkmale erfüllen muss, um als solcher zu gelten. Jedoch ist dieser Ansatz schwer zu operationalisieren und schließt viele reale Formen vom Markenbegriff aus. Beim anbieterorientierten Ansatz geht man von der Marke als Marketinginstrument aus, wodurch viele empirisch beobachtbare Formen ausgeschlossen werden. Als nachfrageorientierter Ansatz zur Markenbestimmung wird nach den positiven Wirkungen auf den Kunden gefragt. Dessen Operationalisierung ist auch schwer beobachtbar und messbar, weshalb die Bestimmung der Marke mittels der „Wirkungen" in Form von Bekanntheit, Image und Kaufverhalten stattfindet. Der integrierte

Ansatz wird nicht berücksichtigt, da dieser nur nach der Ausrichtung des Managements zu Aufbau und Pflege der Marke fragt und somit irrelevant für die meisten Marken ist.

Um also die Voraussetzungen für Co-**Branding** zu erfüllen, ist neben der Personen- oder Unternehmensmarke auch zwingend notwendig, einen kooperierenden Künstler als Marke einordnen zu können.

Doch kann man z.B. einen Rapper als Marke einstufen? Die Definition einer Marke durch das bundesdeutsche Markengesetz, den ich in der Einleitung zitiert habe, lässt diese Einordnung zu. Jeder Künstler, der sich als Wortmarke beim Deutschen Patent- und Markenamt hat eintragen lassen, hat die offiziellen Eigenschaften, um als Marke genannt zu werden, wenn wir von Co-Branding sprechen. Die Anmeldung und anschließende Kenntlichmachung der Produkte unter dem Markennamen sind branchenübergreifende Abgrenzungen von anderen Künstlern und dienen als Alleinstellungsmerkmal. Generell schützt die Markeneintragung jede Person oder Unternehmen vor Nachahmung und Fälschung.

Eine Marke ist ein Kommunikationsinstrument und kann eigenständig agieren, losgelöst von der Person dahinter. Gleichzeitig kommuniziert sie Werte und Einstellungen deinen Kunden gegenüber, die von dir ausgehen. Das bedeutet, ein Musiker kann sich als Marke anders verhalten als die Privatperson.

Zum Zweck des Co-**Brandings** kann deine Marke auch eine langfristige Zusammenarbeit mit einer fremden Marke eingehen. Je nach Dauer und Nähe profitierst du davon weniger oder mehr. Auf jeden Fall ermöglicht dir die Prägung einer gemeinsamen Dienstleistung oder eines Produkts eine sofortige Neuausrichtung.

Dein Branding steht dir also nicht nur als Strategie zur Verfügung. Du kannst es weiter operationalisieren und neue Geschäftsfelder erschließen. Co-Branding hat den Vorteil, dass du losgelöst von deinem eigenen Markenversprechen agieren kannst. Zwar übertragen sich die Markenwerte auch auf deine Produkteinführung, aber dessen Eigenständigkeit erschafft einen neuen unbeschriebenen Gestaltungsraum.

Aufgrund der schwierigen, weil breit gefassten, Definition des Begriffs des Co-Brandings, lässt sich schon erahnen, dass die Dimensionen der Markenkooperation und der Markenpolitik ebenso weit gefasst sind. Dein eigener Markenauftritt sollte weiterhin klar davon abgegrenzt bleiben. Zusätzlich erfordert ein Co-Branding die Aufstellung von eigener Strategie und die Nutzung von eigenen Marktregeln.

Als Marke, die eine exklusive Preispolitik verfolgt, könntest du Produkte anbieten, die in größerer Stückzahl und zu geringerem Preis verfolgt werden. Erschließe dieses Feld der neuen Möglichkeiten, indem du eine kleine Schmuckreihe ins Leben rufst oder Online-Kurse anbietest. Selbstverständlich bist du nicht darauf angewiesen, das in Kooperation mit einer anderen Marke zu tun.

Ein Co-Branding muss man im Markenauftritt auf jeden Fall ganz genau kennzeichnen! Nachdem du nun weißt, wie man eine erfolgreiche Brand aufbaut, brauchst du nur noch eine zündende Idee oder du schließt dich mit einer anderen Marke zusammen.

3.5 Redaktionsplan

Schaffe Erfahrbarkeit für deine Brand! Wenn du, als Einzelperson Aufmerksamkeit für dein Angebot bekommen willst, dann musst du auf den großen Bühnen auftreten. Jeden Tag aufs Neue. Das klappt nicht von alleine. Ein Angestellter arbeitet ja auch keine 365 Tage im Jahr. Die Lösung dafür ist weder neu, noch patentiert: Ein Redaktionsplan bietet zusätzlichen Gestaltungsspielraum.

Du hast die Möglichkeit, deine Marke entweder als Museum oder als Kneipe zu betrachten. Dein Publikum besteht aus Personen, die nach einer Möglichkeit zur Freizeitgestaltung suchen. Die Formate, wie du deinen Content zur Verfügung stellst, sind entweder eine Tageskarte im Museum oder ein Absacker in der Kneipe. Du stellst nicht nur Infos zusammen, du bietest ein Erlebnis.

Museen bereiten Ausstellungen wochenlang vor, während eine Kneipe beinahe täglich geöffnet hat. Dein Markenauftritt sollte beides zur Verfügung stellen. Biete eine Area zum Abhängen und eine längere Tour durch deine Brandthemen. Wie bei einem Rundgang durch die Ausstellungsräume kannst du deinen Besuchern viel über die Exponate erklären und Fragen beantworten, was die einzelnen Inhalte im Hinblick auf dein **Branding** einzuordnen sind.

Kein Interessent will entweder jeden Tag die gleiche Bar besuchen oder in derselben Ausstellung abhängen. Ich vermute mal, dass eine Kneipe öfter besucht wird und die Ausstellung eher ein Highlight der Freizeitplanung sein werden. Das heißt, du solltest deinen Onlinecontent auch so behandeln. Kurze Posts für zwischendurch nach Feierabend, um noch ein bisschen entspannen zu können. Für längere Contentblöcke fehlt im Alltag oft die Zeit und man muss auch die geistigen Kapazitäten haben, um aufnahmefähig zu sein.

Im Vergleich zu solchen Lokalen hast du zwar keine festen Öffnungszeiten, aber du kannst sie dir über regelmäßige Posting-Routinen erschaffen. Solange du ein eigenes Muster verfolgst, das auf deine Zielgruppe abgestimmt ist. Auch in Zeiten von Smartphones wirst du Berufstätige unter der Woche morgens eher schwieriger erreichen. Deine Posts verbreiten sich schneller und weiter, wenn du in den ersten Stunden nach Veröffentlichung schon ein hohes Engagement bekommst. Wenn du wachsen willst, musst du zwingend dem Algorithmus der Plattform folgen.

Dein exklusiver Quality Content ist unabhängig davon. Das Entscheidende ist hier, dass du die Touren durch dein Brand Museum entsprechend hochwertig gestaltest. Erfolgreiche Marken erscheinen deshalb omnipräsent und vorausschauend, weil sie ihren Redaktionsplan ausgewogen gestalten und wenig Leerlauf haben. Die Mischung aus aufbereiteten Infos und gegenwärtiger Markenkommunikation bietet mindestens immer einen freien Platz an der Theke.

Ein kreativ und abwechslungsreich gestaltetes Programm bringt somit nicht nur Planbarkeit in den Abläufen für deinen Alltag, sondern vor allem für deine Markengäste. Der Vorteil für dich liegt in den Zeitfenstern, die dir das verschafft, um deine Inhalte zu entwickeln. Wenn du dann noch einen imaginären Billardtisch und eine Dartscheibe aufhängst, wirst du zum angesagtesten Laden. Mach hier mal ein Recap und da mal eine kleine Spezialepisode zum Mitraten, die den ganzen Markenauftritt ein bisschen auflockern.

Dank eines Redaktionsplans kannst du dein **Storytelling** auch auf mehrere einzelne Erfahrungen aufteilen. Lies dir Wissen an und schreibe anschließend mehrere Artikel, die aufeinander aufbauen. Oder zeige Problemlösungen, die du aufnimmst und in kurze Episoden aufteilst. Wenn du ein Format gefunden hast, das für dich funktioniert, dann bleib dabei.

Und egal, was kommt: Verschieß nie dein gesamtes Pulver auf einmal. Ein langes Interview am Stück zu veröffentlichen, ist in den meisten Fällen eher kontraproduktiv. Auch unter Gleichgesinnten gibt es Menschen, die viel und gerne schauen und solche, die es kurz und knackig wollen. Strategisch ist es empfehlenswert, Inhalte sowohl in komprimierter Form als auch ungekürzt zu zeigen. Deine Formate sollten sich auf jeden Fall immer danach ausrichten, was deine Zielgruppe am ehesten konsumiert.

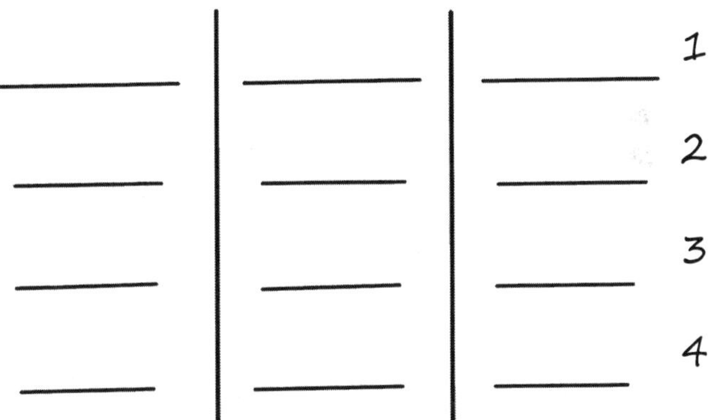

Halt dich an die Struktur der abgebildeten Spalten und versuche, deinen Content auf 3-5 Themen zu beschränken. Suche pro Spalte ein Thema und einen festen Slot in der Woche aus. Baue die Inhalte von Woche zu Woche aufeinander auf. Denk daran, dass du nicht stumpf Inhalt wiedergeben willst. Jedes Thema soll eine individuelle Erfahrung bieten. Teile deine Inhalte beispielsweise in praktische Beispiele, theoretische Lektionen und Gespräche auf.

Kein Besucher will 100 Beispiele der gleichen Sorte sehen oder lesen. Und wenn jemand die Motivation dafür hat, dann auch nur ein einziges Mal. Spätestens beim nächsten Besuch auf deinem Profil wird er sich fragen, warum du nicht auch andere Formate anbietest.

Videocontent

Dein Markenauftritt sollte eine Theatervorstellung sein. Eine gelungene Vorführung beinhaltet Singen, Tanzen und große Emotionen. Doch du kannst nur rüberbringen, was auch zu deiner Markenstrategie passt. Du willst nicht den witzigen Clown in Videos spielen, wenn du Psychotherapiesitzungen anbietest.

Deine Markenkommunikation über Videocontent beruht auf dem **Branding** deiner Marke. Glücklicherweise funktioniert das auch, wenn du es auf mehrere Contentblöcke aufteilst. Ich persönlich finde die Herausforderung spannend, meine Gedanken einmal in kurzen Ausschnitten und an anderer Stelle in ausführlichen Sätzen mit meiner eigenen Erzählweise wiedergeben zu können. Erstens zwingt es mich dazu, mich auf die wesentlichen Punkte zu konzentrieren und zweitens muss ich mir sowohl für die Aufnahmen als auch für den Schnitt unterschiedlich Zeit nehmen.

Funktionen wie Live-Übertragungen oder Online-Workshops sind ein wichtiger Grundpfeiler beim Skalieren deines Erfolgs. Letztendlich findest du durch Ausprobieren am einfachsten heraus, was dir Spaß macht. Idealerweise kannst du dich auch ein wenig selbstverwirklichen. Du hast die Option, alleine deine Videos aufzunehmen, Interviews zu führen oder mit Freunden und Kunden gemeinsam Content zu produzieren. Konzeptioniere deine Videos mit dem Ziel, Aufmerksamkeit zu generieren und deinem Publikum nebenbei wichtige Infos zu vermitteln. Zuschauerzahlen sind dabei nicht so entscheidend wie die Relevanz der Inhalte für dein Branding. 10 Klicks auf deine Videos können auch ein 10-köpfiges Seminar fühlen.

3.5.1 Wichtige Tools

Du musst nicht alles alleine machen und das solltest du auch nicht. Das meine ich wortwörtlich. Es gibt einen Grund, warum andere Menschen viel Zeit damit verbringen, ihr Handwerk zu meistern. Ich möchte dir nicht ausreden, deine eigenen Thumbnails zu erstellen oder einige Bilder für deinen Markenauftritt selbst zu fotografieren.

Aus Erfahrung kann ich dir aber sagen, dass es langfristig in den meisten Fällen Sinn macht, sich zumindest Hilfe dazu zu holen. Bildbearbeitung, Homepage-Programmierung und Website Tracking kann man sich beibringen, aber meistens verschwendet man dabei nur wichtige Ressourcen. Ich rede von Zeit, Geld und Nerven. Eines davon bleibt auf der Strecke, wenn du dich nicht gut auskennst. Nur, weil man einmal ein Bild gut bearbeiten konnte, schießt man sich ins eigene Bein, wenn man versucht, das in den darauffolgenden Wochen unter Stress mehrmals wieder zu tun.

Viel eher macht es Sinn, Kurse zu besuchen und es sich vernünftig beibringen zu lassen oder eben gleich einen Profi zu bezahlen. Gerade Fehler, die einem erst später auffallen, können teilweise sogar geschäftsschädigend sein. Noch dazu sollte Automatisierung dir Arbeit abnehmen, nicht zusätzlich zu deiner Arbeit noch Arbeit machen.

3.6 Monitoring & Messbarkeit / Return of Investments (ROI)

Erfolge zu messen, kann super viel Spaß machen. Misserfolge auszuwerten dagegen eher weniger. Selbst für diejenigen unter uns, die sich schon immer gerne mit Statistik beschäftigt haben. Mit der Zeit lernt man zwar mit Kritik umzugehen, aber es kann niederschmetternd sein, zu sehen, dass die geplanten Maßnahmen nicht funktionieren oder im schlimmsten Fall gar keine Resonanz zu bekommen. Und doch möchte ich dich ermuntern ständig Feedback zu sammeln, damit es gar nicht so weit kommen muss.

Du existierst nicht im luftleeren Raum! Das ist ein gut gemeinter Rat, nicht auf einer theoretischen Gedankenwolke dahin zu schweben. Marken müssen erfahrbar sein, auf dem Blog deiner Homepage, deinem Instagram-Profil, in deinem Newsletter oder auf Youtube. Jeder dieser Kommunikationskanäle bietet dir die Möglichkeit, dir anschließend Auswertungen anzeigen zu lassen.

Informiere dich immer vorher über das allgemeine Nutzerverhalten, bevor du dich für eine Plattform oder Applikation entscheidest. Das beugt einiges an Frust vor, kann ich dir aus Erfahrung sagen. Auf Instagram z.B. ist eine Reaktions-Rate von 40% im Verhältnis zu deinen Followern die Bestätigung, dass alles gut läuft. Mehr wirst du nur in den seltensten Ausnahmefällen bekommen. Beim Newsletterversand hat man eine Opt.-In-Rate von ca. 1,8% im Durchschnitt. Das bedeutet, dass 2 aus 100 Personen auf deine in der Nachricht enthaltenen Links klicken werden. Ein Online-Video-Kurs, bei dem 20% zum Live-Termin erscheinen, hat eine überdurchschnittliche Teilnehmerzahl.

Ich sage dir das nicht, um dich zu entmutigen. Ich möchte nur, dass du weißt, dass man sich vor allem am Anfang durch ziemlich viele Startschwierigkeiten durchkämpfen muss. Deshalb solltest du unentwegt Stimmen einsammeln. Sieh es einfach von Beginn an als

Möglichkeit zur Optimierung. Manchmal lässt sich auch nicht eindeutig sagen, worin der Fehler liegt oder ob der Fehler überhaupt bei dir liegt.

Leider denkt man meistens, dass nur die reinen Zahlen deinen Return of Investments (ROI) wirklich messen können. In betriebswirtschaftlicher Hinsicht mag das stimmen, aber in Bezug auf deinen Markenauftritt und dein Branding erzielen auch kleine Erfolge schon große Wirkung.

Zuallererst brauchst du Kritik, um wachsen zu können. Nicht, dass du das sonst nicht tust, aber konstruktive Äußerungen sind der Booster für deine Brand. Ich betone dabei bewusst die konstruktiven Äußerungen. Auch unter vielen negativen Stimmen wirst du jemanden finden, der dir etwas offen ins Gesicht sagt, was dir weiterhilft. Konzentriere dich darauf, diese spezielle Meinung ernst zu nehmen und deine Markenkommunikation dahingehend zu verbessern. Immerhin hat dein Branding eine Person erreicht, die wahrscheinlich aus deiner Zielgruppe stammt. Denn potenzielle Kunden haben nichts von einer Beschimpfung, sondern wollen deine positive Entwicklung sehen.

Um das zu bekommen, kannst du eine offene Gesprächskultur an den Tag legen und den kommunikativen Rahmen vorgeben. Nimm das Feedback nie persönlich, auch wenn du eine Personenmarke vertrittst. Reagiere im direkten Dialog eines Livestreams authentisch und gehe direkt auf die Punkte ein. Bei geschriebenen Kommentaren hast du die Gelegenheit die Aussagen erst einmal gegenzuprüfen, anstatt direkt antworten zu müssen. In jedem Fall solltest du offen damit umgehen.

Ganz grundlegend kann man sagen, dass deine Marke ein Eigenleben hat. Aus Sicht des Kunden sind kritische Aussagen sowieso hauptsächlich auf dein Angebot bezogen. Wenn du bis hierhin alle Schritte der Markenstrategie umgesetzt hast, kann sich auch kein

Interessent an deinem Markendesign stören. Die Markenidentität, die du dir gegeben hast, sollte die meisten Kritikpunkte entkräftigen können. Dann kommen negative Stimmen nur auf, wenn sich jemand nicht mit dir auseinandergesetzt hat. Oder es werden Punkte vorgebracht von jemandem, der gar nicht deiner Zielgruppe entspricht.

Es ist alles eine Frage der Einordnung. Der Aufbau deiner Marke beeinflusst die Art, wie deine „Fehler“ betrachtet und kommuniziert werden. Wenn du weißt, dass man Schauspieler subjektiv bewertet, würden dich Buhrufe als Darsteller zwar treffen, aber weniger schocken. Manche Marken zielen auch bewusst darauf ab, negatives Engagement zu erzeugen, um ihren Algorithmus zu füttern. Reichweite und Sichtbarkeit kann man auf vielen Wegen erlangen.

Zum anderen sammelst du Feedback als Testimonials, was es dir beim nächsten Posting erleichtert, die richtigen Personen zu adressieren. Social Proof hilft anderen Unentschlossenen, ein besseres Gefühl zu bekommen, um daraufhin eine Kaufentscheidung bezogen auf dein Produkt oder deine Dienstleistung zu treffen. Dabei zählen vor allem die authentischen Einschätzungen deines Produktes mehr als eine große Anzahl an Bewertungen.

Konsumenten werden immer ihre eigene Stimme nutzen, wenn sie mit deiner Marke interagieren. Es ist deren Weg, ihren Einfluss auf dich geltend zu machen. Für gutes Verhalten aus ihrer Sicht wirst du belohnt und wenn ihnen etwas daran nicht gefällt, werden sie das dir gegenüber äußern. So betrachtet, kannst du über einen lebhaften Austausch nur dankbar sein. Die Meinung jedes Zuschauers, der sich von sich aus meldet, musst du schon einmal nicht selbst erheben. Eine ultimative Rückmeldung bekommst du, wenn dein Angebot gekauft wird oder dir Menschen aufgrund deiner Inhalte entfolgen. Das kannst du vermeiden, wenn du präventiv Monitoring betreibst.

Anhand vieler verschiedener unabhängiger Stimmen kannst du dir ein Bild zusammensetzen. So, wie du von deiner Markenstimme Gebrauch machst, nutzen Konsumenten also ihr Feedback als Einflussnahme auf dein Produkt. Wenn du den Kern des Problems verstehst, aber nicht behebst, wirst du aus einer aktiven Community höchstwahrscheinlich Unterstützung erfahren. Deine Kunden entscheiden sich, bei dir zu bleiben und geben damit zu erkennen, dass du auf dem richtigen Weg bist. Sollte etwas nicht passen, werden sie das Weite suchen. Sinkende Verkaufszahlen sind ein eindeutiger Indikator.

Performance Marketing & Suchmaschinenoptimierung (SEO)

Im Marketing dreht sich alles um die Performance. Während Unternehmen ihre Formate meistens in endlosen Feedbackschleifen optimieren, denken Marken den Prozess vom Ende her. Der Content soll nicht nur den Markenauftritt füllen, der Content muss fetzen. Auf jeden Fall soll er im Gedächtnis bleiben.

Zusammenfassungen liefern und Probleme fachlich erklären, kann deinen Content ordnen. Wenn es allerdings um Performance dieser Inhalte geht, ist deine wichtigste Währung der Traffic. Ein viel umkämpfter Markt wie bei digitalisierten Angeboten aller Art beruht auf zyklischen Entwicklungen. Hast du einen Aufwärtstrend, dann solltest du die Welle reiten, solange du kannst. Neben hohen einmaligen Klickzahlen hält dich der jeweilige Algorithmus dazu an, konsistent Output zu generieren. Schon kurze Auszeiten können deinen Abonnentenzahlen einen erheblichen Einbruch bescheren, auch, wenn sich an deinem Content nichts geändert hat.

Glücklicherweise verschwindet Markenvertrauen nicht ganz so schnell wie deine Sichtbarkeit. Solange deine Zielgruppe dir vertraut, dein Markenversprechen einhalten zu können, kannst du deinen (finanziellen) Erfolg weiterhin skalieren. Das ist ein weiterer Grund, warum dein Branding nachträglich nur in sehr großen Zeitabständen verändert werden sollte.

Abgesehen von Performance Marketing und der Optimierung des Outputs gibt es noch weitere Ansätze den Auftritt deiner Marke zu verbessern. Suchmaschinenoptimierung (SEO) hilft dir, deine bestehenden Inhalte zu überarbeiten. Jedoch ist das ein ganz eigenes Feld, das eigene Regeln besitzt. Da geht es auf einmal nicht mehr um zündende Ideen und die Einzigartigkeit der Themen, sondern darum, Worte in bestimmter Reihenfolge anzuordnen, damit sie einer Suchmetrik entsprechen.

Was im ersten Moment ziemlich langweilig klingt, macht einen riesigen Unterschied bei der Sichtbarkeit. Während Hashtags im Social Media einzelne Beiträge hervorheben und in Suchen erscheinen lassen, funktioniert die SEO über Meta-Daten bei Google für das gesamte World Wide Web. Abhängig davon, wo deine Markenkommunikation stattfindet, unterliegt diese Optimierung also einer anderen Herangehensweise.

Idealerweise solltest du deinen Markenauftritt aus verschiedenen Perspektiven im Blick behalten. Gerade in guten Zeiten, solltest du nicht vergessen, weiterhin Akquise zu betreiben, weil du in schwierigen Phasen dafür erheblich mehr Aufwand betreiben musst.

Aufgabe 3:
Nutze dein Storytelling!

Nach Abschluss der 3 Lektionen hast du alle Werkzeuge an der Hand, um für deine Marke einen einzigartigen Auftritt zu entstehen zu lassen. Du weißt, wie man eine Strategie aufbaut und wie man sie in die Tat umsetzt. Nun ist es Zeit, dein Publikum langfristig an dich zu binden. Wie bereits beschrieben, hast du dabei die Qual der kreativen Wahl. Mit einer zielgerichteten Kommunikation hast du bereits auf dich aufmerksam gemacht und dein **Branding** klar kommuniniziert.

Übe dich nun darin, deine Zielgruppe zu konvertieren. Verwandele deine Fans in Kunden und deine Zuschauer in Unterstützer.

Der Erfolg deines **Storytellings** lässt sich bemessen an der Anzahl der Conversions, die du aus der Anzahl der Leute bekommst, die mit deiner Marke in Kontakt kommen.

Das heißt, ich schicke dich jetzt auf die Mission, möglichst viele Kunden zu erreichen und einen Verkaufsabschluss zu erreichen. Du entwickelst deinen eigenen Prozess, der Interessenten zu Kunden konvertiert. An diesem Punkt ist die Wahl der Mittel dir überlassen. Für jedes Geschäftsfeld gibt es einen Kommunikationskanal, der am besten funktioniert. Die Aufgabe ist es, diesen jetzt zu nutzen.

SCHRITT 1: Nimm eine Podcastfolge auf! Oder schreib einen Blog-Artikel! Oder erstelle einen Instagram-Reel! Oder verfasse einen LinkedIn Post!

Baue dir eine Möglichkeit ein, um deine Besucherzahlen zu messen. Stelle am Ende des Podcasts, des Artikels, des Reels oder des Posts ein Formular zur Verfügung, auf dem sich die Interessenten für weitere exklusive Inhalte eintragen können. Deine Aufgabe: Interessenten zu Käufer verwandeln!

Du kannst die Aufgabe auch durchführen, ohne dafür ein Marketing-Tool zu kaufen. Erstelle dir zuerst eine Tabelle, die deinen Fortschritt dokumentieren soll. Am einfachsten geht das auf einem Blatt Papier. Die Profis werden sich an dieser Stelle direkt eine Excel-Tabelle basteln. Dein Ziel ist es, einen Prozess aufzusetzen, den du immer wieder anwenden wirst.

Nach Veröffentlich deines Contents kannst du eine Auswertung vornehmen. Wie viele Personen haben interagiert? Trage alle Informationen aus deinem Lead-Formular zusammen in deine Tabelle ein. Erstelle Spalten für Namen und Kontaktadressen. Bis jetzt haben diese Leute schon mal Interesse bekundet. Es liegt jetzt an dir, diese Menschen in einem weiteren Schritt zu Kunden werden zu lassen.

SCHRITT 2: Optimiere deine Inhalte. Versende eine Mail an die Personen, die sich eingetragen haben. Gehe hier konkret auf deine Problemlösung ein, biete dieser Zielgruppe konkret dein Angebot an.

Somit senkst du die Hürde zum Einstieg und du kannst an deinen Zusagen messen, wie gut deine Verkaufsargumente überzeugt haben. Ich wünsche dir viel Spaß! Mit Glück hat das jetzt nicht mehr viel zu tun.

Fazit

Markenaufbau ist nicht einfach so aus dem Ärmel geschüttelt. In der ersten Entstehungsphase wird die solide Basis für deine Markenstruktur gelegt. Wenn du Glück hast, kannst du in einem halben Jahr durch die Decke gehen, aber man rechnet meistens eher mit 2 Jahren, bis man davon leben kann. Verfeinere in dieser Zeit deine Expertise und spezialisiere dein Thema. Dann definierst du dein Publikum und suchst dir deine Nische.

Danach erstellst und verkaufst du dein erstes Produkt. Nach und nach kannst du somit deinen Expertenstatus verfestigen. Du solltest konstant an deiner verbalen Kommunikation und deinem visuellen Auftritt arbeiten. So etablierst du deine Präsenz und baust Autorität auf.

Wenn es gut geht, dann wächst deine Marke sukzessiv ein Leben lang weiter. Du kannst diese Entwicklung noch beschleunigen, indem du mehr Budget für Marketing ausgibst und Kooperationen eingehst. Vervielfältige deine Produkte und generiere dadurch Einkommen aus verschiedenen Quellen, das du reinvestieren kannst.

Je persönlicher deine Brand ist, desto eher sollte man deinen Namen und dein Gesicht kennen. Deine Marke kann darüber hinaus auch für ein spezielles Thema bekannt sein. Du solltest positive Markenerlebnisse erzeugen und das Vertrauen deiner Zielgruppe gewinnen.

Für dein Durchhaltevermögen sind Auszeiten super wichtig. Wenn du deine Axt jeden Tag benutzt, um Bäume zu fällen, wird sie stumpf. Wenn du deine Kreativität jeden Tag benutzt, stumpft sie auch ab. Deine Marke bist du, deshalb bist du nichts weniger als deine wichtigste Ressource.

Inhalte ändern sich mit der Zeit und deine Marke ändert sich mit. Wenn man versteht, dass es nicht darum geht, objektiv erfolgreich zu sein, dann kann man beginnen, sein **Branding** wirklich zu leben. Was ich dir verdeutlichen möchte, ist die Tatsache, dass man für Markenentwicklung nicht viel „braucht". Alles, was du tust, formt deine Marke. Für eine Personal Brand ist ein **Storytelling** meistens einfacher umzusetzen als für einen Betrieb. Bei Selbstständigen, die alleine arbeiten, verschmilzt die Grenze zwischen Arbeit und Privatleben zwangsläufig. Betriebe, mit mehreren Mitarbeiten, müssen zur Umsetzung von **Branding** erst interne Prozesse aufsetzen.

Unter dem Strich gibt es also nicht „DAS **Branding**". Es geht für jede Marke darum, deine Arbeit einer großen Zielgruppe möglichst individuell erfahrbar zu machen. Und das Ergebnis aller dieser kommunikativen Maßnahmen brennt sich ins Gedächtnis deiner Zielgruppe.

Das Brenneisen, mit dem du dich in den Köpfen deiner Zielgruppe verewigst, ist die Art, wie du mit ihnen umgehst. Dein **Branding** ist dein Markenversprechen für potenzielle Kunden und die es noch werden wollen. Aufgrund deiner Kommunikation entsteht ein Ankerpunkt in der Erinnerung bei deinen Rezipienten, ganz egal, ob du Blogcontent produzierst oder Videos aufnimmst.

Im Umkehrschluss bedeutet das, dass du jederzeit Einfluss auf die Entstehung dieser gedanklichen Referenz hast. Schlussendlich setzt dein Gegenüber dieses assoziative Denkmuster aber ganz alleine zusammen. Ein **Branding** ist ein Markenversprechen, bei dem du nur dafür sorgen kannst, dass es von dir selbst eingehalten wird.

Deine Marke ist ein bedeutungsschwangeres Gebilde, das eigenständig kommuniziert und durch sein Angebot bestimmte Problem löst. Das Ziel einer Marke ist nicht einfach nur ein bestimmtes Umsatzziel zu erreichen. Der Erfolg einer Marke wird dadurch bestimmt, wie deine Problemlösung von deiner Zielgruppe wahrgenommen wird.

Dein **Branding** ist so etwas wie dein extern offen kommuniziertes Firmenziel und gleichzeitig deine interne Roadmap. Formulierst du für Interessenten aus, was dich besonders macht, wird dein Handeln für Konsumenten erst greifbar. Mein eigenes **Branding** lautet: „Ich entwickle strategisches **Storytelling** für Online-Coachings, um kommunikative Markenerlebnisse zu schaffen, die Werten vermitteln und der Brand dadurch ihre Traumkunden beschert."

Dieser Satz funktioniert wie ein Mantra und bildet die Grundlage meiner Arbeit. Zuerst habe ich mir überlegt, für welche Zielgruppe ich meine Leistungen anbieten möchte. Über die Jahre habe ich gemerkt, dass ich bei Projekten für und mit Selbstständigen am meisten Spaß hatte.

Es hat mich erfüllt, den Content für diese Marken zu erstellen und Strategien zu planen, die kreativ und innovativ zugleich waren. Ausgehend von diesen Erfahrungen habe ich für mich auf den Punkt gebracht, was der Mehrwert meiner Arbeit ist.

Meine Kunden wissen nun von vornherein, was sie davon haben, mit mir zusammen zu arbeiten. Das war mein persönlicher Kompass auf dem Weg der Selbstständigkeit.

Zusätzlich haben mir meine Erfahrungen aus der Persönlichkeitsentwicklung geholfen, meine Markenidentität zu festigen. Deshalb weiß ich, dass man eigene Fortschritte auf die Entwicklung seiner Marke übertragen kann. Oft habe ich gehört, dass man Persönlichkeitsentwicklung betreiben soll, um dadurch „besser" zu werden. Als wäre man davor fehlerbehaftet. Von einem linguistisch-sprachlichen Standpunkt verstehe ich es aber eher so, dass unser anerzogenes Verhalten das eigene Selbst überlagert.

Nach meinem Abschluss habe ich mir viele Gedanken gemacht und Angst gehabt, Fehler zu machen oder unerfolgreich zu sein. Studium und Fachwissen haben sich manchmal angefühlt wie ein

Schild, das ich vor mir hergetragen habe. Im Grunde war es ein Panzer, der mein Inneres vor Enttäuschungen beschützen sollte.

Im Prinzip meint die Entwicklung, dass man sich von limitierenden Glaubenssätzen löst. Du kannst dich auswickeln aus den psychologischen Mustern, die deine Persönlichkeit überlagern. Auf mentaler Ebene führt das leider oftmals zu Blockaden und hält einen davon ab, die Welt wieder durch die Augen eines Kindes wahrzunehmen.

In einer Gesellschaft, die gerne die persönliche Ökonomisierung aller Lebensbereiche propagiert, hatte ich den Eindruck, es wäre unangebracht meine eigenen Bedürfnisse in den Vordergrund zu stellen. Mich ins Unbekannte zu wagen und auf ein sicheres Einkommen zu verzichten, klang aufregend und angsteinflößend zugleich.

Mit dem Start meiner selbstständigen Tätigkeit habe ich aber genau das getan. Heute führe ich meine eigenen Projekte durch, mit meinen eigenen Kunden und erschaffe mir ein glückliches Leben. Das hat mir unendlich viel neues Selbstvertrauen gebracht. Das heißt, ich kann mir und meinen Entscheidungen selbst vertrauen. Ich gehe in meiner Arbeit auf und habe mein Dasein in meiner Marke verwirklicht. Daraus schöpfe ich Selbstbewusstsein und das hilft mir weit über die Arbeit hinaus.

Mir ging es wahrscheinlich genau wie dir: Ich hatte immer den Gedanken, dass die Arbeit, die ich mache, nichts Besonderes sei. Viele meiner Skills standen nie im Lebenslauf, aber gerade die machen mich besonders. Ich habe lange gebraucht, um das für mich als Vorteil zu nutzen. Beim **Branding** arbeite ich diese Besonderheiten mit meinen Kunden heraus. Und daraus entstehen später Marken, die einzigartig und wertvoll sind.Wir alle, jeder von uns – ist besonders! Und das zeichnet den Wert deiner Arbeit aus. Wenn du willst, helfe ich dir außerdem dabei, ein einzigartiges **Storytelling** zu entwickeln.

Liebe Leserin, lieber Leser,

hat Ihnen dieses Buch gefallen? Wir freuen uns über Ihre Verbesserungsvorschläge, Kritik und Fragen zum Buch.

Die Meinung und Zufriedenheit unserer Leserinnen und Leser ist uns sehr wichtig.

Kontaktieren Sie uns deshalb gerne und schreiben uns eine E-Mail an ***feedback@eulogiaverlag.de***

Wir freuen uns auf Ihre Nachricht.

Herzlichst

Ihr Eulogia Verlags Team